高职高专新形态教材
青岛职业技术学院教材出版资金资助

U0642153

# 食品分析技术

- 主 编 石 昕
- 副主编 杨 芳 田 鑫

华中科技大学出版社
http://press.hust.edu.cn
中国·武汉

## 内 容 简 介

本书是活页式教材,以典型检测项目为载体,设计了七个项目,内容涵盖文献检索、食品检验的流程、食品分析检验的一般方法、食品一般成分检测、食品添加剂的测定、食品中有毒有害成分的检测、食品中卫生微生物的检测等。本书层次清晰,内容安排合理,难度循序渐进。

本书可作为高等职业院校分析检验技术专业的教材,也可供食品生产、食品检验、食品质量控制等领域的从业人员参考使用。

**图书在版编目(CIP)数据**

食品分析技术 / 石昕主编. -- 武汉 ：华中科技大学出版社,2025. 4. -- ISBN 978-7-5772-1592-1

Ⅰ. TS207.3

中国国家版本馆 CIP 数据核字第 2025WW6882 号

**食品分析技术**                                                                                            石　昕　主编

Shipin Fenxi Jishu

策划编辑：袁　冲

责任编辑：陈　忠

封面设计：王　琛

责任校对：林宇婕

责任监印：朱　玢

出版发行：华中科技大学出版社(中国·武汉)　　　电话：(027)81321913

　　　　　武汉市东湖新技术开发区华工科技园　　　邮编：430223

录　　排：华中科技大学惠友文印中心

印　　刷：武汉科源印刷设计有限公司

开　　本：787mm×1092mm　1/16

印　　张：10

字　　数：250 千字

版　　次：2025 年 4 月第 1 版第 1 次印刷

定　　价：49.00 元

# 前　言

　　食品是人类赖以生存的物质基础,食品的质量与安全不仅关系到人民群众的身体健康和生命安全,还关系到社会的稳定和发展,而食品分析技术为食品质量与安全提供了保障。本书根据分析检验技术专业培养方案的要求,借鉴以往相关教材的具体内容,结合多年教学过程中的实践经验,由青岛职业技术学院联合合作企业共同编写。

　　本书为活页式教材,以典型检测项目为载体,在项目任务书、学习资源以及信息化教学平台的支撑下,教师发布检测任务,学生通过学习平台自学、查阅资料、老师答疑指导等方式完成检测前的准备工作;课堂阶段,教师组织课堂,检查学生课前学习情况、讲解重难点、回答学生提出的问题,学生实施并完成全部检测工作流程,教师对学生学习情况进行总结和讲评等;课后阶段,教师发布课后学习任务、发起讨论并回答学生提出的问题,对学生的学习情况和表现进行讲评打分。

　　本书设计了七个项目,具体安排如下:项目一 文献检索(包括各种文献资料、检索方法的介绍以及制定检测方案);项目二 面粉品质的评价(包括样品采集及储存,样品制备及前处理,食品一般成分的检测);项目三 火腿肠中亚硝酸钠的测定(包括食品添加剂及其测定);项目四 食醋总酸度的检验(包括食品一般成分检测,数据处理,撰写检测报告);项目五 蔬菜农药残留的检验(包括食品中有毒有害成分及其测定);项目六 菌落总数的测定(包括食品卫生微生物检测);项目七 苏打饼干的等级评价(包括感官检验及其结果处理方法)。

　　由于编者水平有限,书中难免有不妥之处,恳请读者批评指正。

编者

2024 年 10 月

# 目　　录

项目一　文献检索 ················································································· 1
　　模块一　工作任务书 ········································································· 3
　　模块二　文献检索报告参考模板 ······················································· 5
　　模块三　知识乐园 ··········································································· 11
项目二　面粉品质的评价 ········································································ 17
　　模块一　工作任务书 ········································································· 19
　　模块二　检测报告模板 ······································································ 21
　　模块三　知识乐园 ··········································································· 25
项目三　火腿肠中亚硝酸钠的测定 ···························································· 51
　　模块一　工作任务书 ········································································· 53
　　模块二　检测报告模板 ······································································ 55
　　模块三　知识乐园 ··········································································· 59
项目四　食醋总酸度的检验 ····································································· 81
　　模块一　工作任务书 ········································································· 83
　　模块二　检测报告模板 ······································································ 85
　　模块三　知识乐园 ··········································································· 89
项目五　蔬菜农药残留的检验 ·································································· 93
　　模块一　工作任务书 ········································································· 95
　　模块二　检测报告模板 ······································································ 97
　　模块三　知识乐园 ··········································································· 101
项目六　菌落总数的测定 ······································································· 113
　　模块一　工作任务书 ········································································· 115
　　模块二　检测报告模板 ······································································ 117
　　模块三　知识乐园 ··········································································· 121
项目七　苏打饼干的等级评价 ·································································· 139
　　模块一　工作任务书 ········································································· 141
　　模块二　检测报告模板 ······································································ 143
　　模块三　知识乐园 ··········································································· 147
参考文献 ·························································································· 151

# 项目一　文献检索

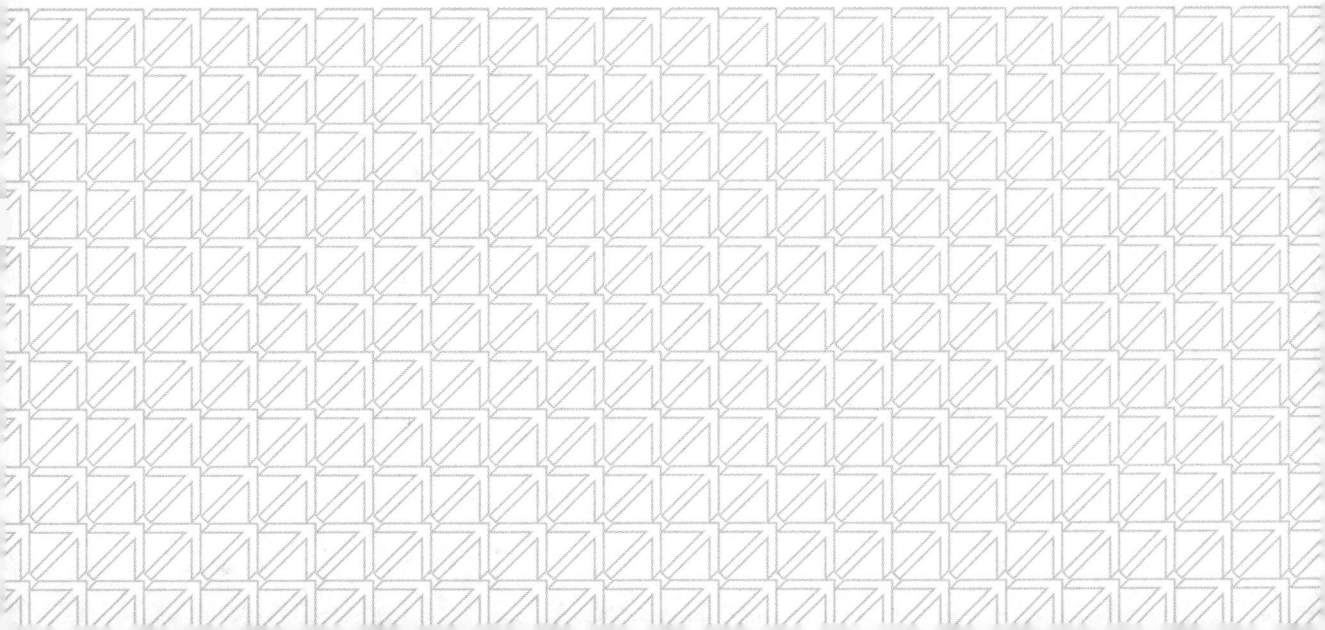

# 模块一　工作任务书

## 一、项目基本情况

| 工作任务名称 | 项目一　文献检索 | | |
|---|---|---|---|
| 工作时间 | 4 课时 | 工作小组及<br>成员名单 | |
| 指导教师 | | 工作地点 | 图书馆 |
| 工作任务描述 | 任选以下三个题目之一,有计划地开展检索工作,完成检索报告。<br><br>任务要求:<br>1.检索题目:<br>(1)转基因食品的危害;<br>(2)食品检测技术的现状与未来发展趋势;<br>(3)食品中有毒有害成分的检测。<br>2.查阅文献,提交所查阅文献的原文;<br>3.小组阅读文献,归纳总结后完成检索报告。 | | |
| 能力目标 | 1.熟悉常用检索工具并能熟练使用;<br>2.能够正确确定检索的关键词;<br>3.能够对检索结果进行整理和汇总;<br>4.能够通过检索,得到有关问题的结论并完成完整的检索报告。 | | |

## 二、资讯内容

| 序号 | 自主查阅资料或学习内容 | 资料来源 |
|---|---|---|
| | | |
| | | |
| | | |
| | | |
| | | |
| | | |

### 三、工作心得

1.本项目完成过程中你最感兴趣的是什么?

2.完成本项目你最大的收获是什么?

3.下一个项目中,你打算在哪些方面作重点改进?

4.完成本项目过程中,你遇到了哪些障碍? 你又采取了哪些措施解决障碍?

# 模块二　文献检索报告参考模板

# 文献检索综合报告

# 空气中甲醛检测便携式仪器开发

班　　　级：＿＿＿＿＿＿＿＿＿＿＿＿＿＿＿＿

姓名/学号：＿＿＿＿＿＿＿＿＿＿＿＿＿＿＿＿

＿＿＿＿＿＿＿＿＿＿＿＿＿＿＿＿

年　　　月　　　日

## 一、课题分析

甲醛是一种无色、有强烈刺激性气味的气体，易溶于水、醇和醚，在常温下是气态，通常以水溶液形式出现，易溶于水和乙醇，35%～40%的甲醛水溶液叫作福尔马林。甲醛来源有很多种。空气中的来源：各类酚醛树脂胶人造板；含有甲醛成分并有可能向外界散发的装饰材料；有可能散发甲醛的室内陈列及生活用品；燃烧后会散发甲醛的某些材料；有些芳香剂、杀蚊液含有甲醛成分。衣物中的来源：自挺或免烫的衣物使用乙二醛树脂定型，都含有甲醛成分。食物中的来源：食物中添加甲醛，用于漂白、蛋白质凝固以及保鲜防腐。甲醛对健康的危害主要表现为对皮肤黏膜的刺激作用，甲醛是原浆毒物质，能与蛋白质结合，高浓度吸入时会造成严重的呼吸道刺激和水肿，以及眼刺激、头痛等症状；皮肤直接接触甲醛可引起过敏性皮炎、色斑、坏死，吸入高浓度甲醛可诱发支气管哮喘。种种迹象表明检测空气中的甲醛尤为重要，人们不得不研制出最方便、最简洁的检测方法。

## 二、检索策略

### 1. 选择检索工具

常用的检索工具见表1-1。

表 1-1 常用检索工具

| 检索工具名称 | 访问方式 | 检索年代 | 文献类型 |
|---|---|---|---|
| 超星发现 | www. zhizhen. com | 2004—2012 | 电子图书 |
| 中国知网 | www. cnki. net | 2004—2012 | 期刊论文 |
| 万方数据知识服务平台 | www. wanfangdata. com | 2004—2012 | 期刊论文 |
| 国家知识产权局专利数据库 | pss-system. cponline. cnipa. gov. cn | 1985—2012 | 专利文献 |
| 维普资讯中文期刊服务平台 | qikan. cqvip. com | 2004—2012 | 期刊论文 |

### 2. 选择检索词

选择主题词"甲醛检测便携式仪器"；
选择副题词"开发"。

## 三、检索步骤及检索结果

### 1. 超星发现

（1）检索式

关键词为"甲醛检测"。

（2）检索步骤与结果

用检索式进行检索，命中13条结果，选择其中2条。

【篇名】甲醛的危害分析及检测方法

【作者】张根生；赵全；岳晓霞

【摘要】本书结合现代食品加工中掺杂使假、滥用食品添加剂的情况，介绍了化学品（如农兽药和食品添加剂）使用过量或失控，以及人为添加到食品中对消费者造成的危害，对影响食品安全性的化学污染因素从性质、污染途径、对人体的危害，及其在食品中的限量标准和检测方法进行了详细介绍。

【出处】《食品中有害化学物质的危害与检测》,2006 年出版

【篇名】甲醛含量检测

【作者】郭晓玲

【摘要】本书系统地介绍了进出口纺织品检验检疫的基础理论知识,包括进出口纺织品的分类、检验检疫的历史和作用、法定检验的内容和程序、进出口商品委托检验、原产地证明书及检验检疫证书、质量标准及质量体系认证、检验方法等;阐述了出入境动植物纺织原料的检疫步骤与方法等。

【出处】《进出口纺织品检验检疫实务》,2007 年出版

**2. 中国知网**

(1) 检索式

关键词为"仪器",篇名为"甲醛检测"。

(2) 检索步骤与结果

用检索式进行检索,命中 13 条结果,经过筛选,选择其中 3 条。

【篇名】公共场所室内空气中甲醛含量两种检测方法对比

【作者】刘学圌;宋扬

【摘要】检验甲醛直读类分析仪的现场测定结果的准确性,为仪器法代替化学法检测空气中甲醛含量提供科学依据。本文通过在日常采样工作中,用化学法和仪器法同时对室内空气中的甲醛进行现场采样和检测,对两种方法测定得出的不记名数据结果进行分析并做回归参数的显著性检验。

【出处】广西节能,2009 年 04 期

【篇名】室内空气中甲醛检测方法的比较研究

【作者】贺小凤;王国胜

【摘要】本文利用国家标准"酚试剂分光光度法"的化学法和 4160-19.99 m 型甲醛分析仪的仪器法对室内空气中的甲醛进行了样品检测的对比实验,结果表明,利用两种方法测定样品所得到的结果无显著性差异,而且使用甲醛分析仪在现场检测快捷方便,有利于开展室内环境甲醛的检测和普查工作。

【出处】深圳信息职业技术学院学报,2008 年 02 期

【篇名】甲醛检测方法及研究进展

【作者】王芳玲;杨建忠

【摘要】概述了甲醛的毒性及对人体的危害,综述了现有甲醛检测的化学法和仪器法两类方法,以及各种检测方法的优缺点。

【出处】纺织科技进展,2008 年 03 期

**3. 万方数据知识服务平台**

(1) 检索式

标题中包含"甲醛检测仪器"。

(2) 检索步骤与结果

用检索式进行检索,命中 1 条结果。

【篇名】大气甲醛在线检测仪器的开发和应用

【作者】刘斌

【摘要】研究工作的目的是基于高效液相色谱衍生法开发大气甲醛的在线监测仪器,以满足973酸雨项目的子课题区域酸雨形成机制的研究。大气甲醛在线监测仪器主要由甲醛连续采样装置、高效液相色谱分离检测系统以及仪器自动控制系统组成。大气甲醛的连续采样装置是基于螺旋管吸收法的原理。大气样品在自制的低温螺旋管吸收池中被2,4-二硝基苯肼(DNPH)衍生液吸收,在加热反应池中充分反应,衍生反应的产物HCHO-DNPH通过高效液相色谱分离检测。仪器自动控制系统通过DasyLab软件实现。DasyLab输出的模拟信号和数字信号可以调整和控制仪器各个工作部分的工作状态,液相色谱的检测信号通过模拟输入传输到软件上进行分析。

【分类号】X132.2O657.72

【原文】该数据库提供了全文。

### 4. 国家知识产权局专利数据库

（1）检索式

摘要为"甲醛检测仪器"＋"开发"。

（2）检索步骤与结果

用检索式进行检索,命中实用新型专利3条,选择其中1条。

【发明名称】甲醛释放量快速检测装置

【发明人】郭仁宏

【专利号】200820048828.4

【专利代理机构】广州市一新专利商标事务所有限公司

【摘要】本实用新型涉及一种甲醛检测仪器,尤其是甲醛释放量快速检测装置,包括用于放置试样的试样舱,在该试样舱内安装有加热机构并且设有空气通道,该试样舱上分别设有空气进口和混合气体出口,其特点是,所述试样舱的空气进口通过管路与空气泵、转子流量计、阀门、干燥器、洗瓶和空气过滤器依次连通,所述试样舱的混合气体出口通过管道与至少一路阀门和吸收瓶依次连通。本实用新型提供了一种实用性强、操作方便、性价比高、检测速度快、精度高、抗干扰性强的甲醛释放量快速检测装置,主要适用于各种木家具、木制品、木地板等材料甲醛释放量的测定。

【原文】该数据库提供了专利说明书全文。

### 5. 维普资讯中文期刊服务平台

（1）检索式

K为"仪器",T为"甲醛检测"。

（2）检索步骤与结果

用检索式进行检索,命中2条结果,选择其中1条。

【篇名】室内空气中甲醛检测方法的比较研究

【作者】贺小凤;王国胜

【摘要】本文利用国家标准"酚试剂分光光度法"的化学法和4160-19.99 m型甲醛分析仪的仪器法对室内空气中的甲醛进行了样品检测的对比实验,结果表明,利用两种方法测定样品所得到的结果无显著性差异,而且使用甲醛分析仪在现场检测快捷方便,有利于开展室内环境甲醛的检测和普查工作。

【出版】深圳信息职业技术学院学报,2008年02期

#### 四、现有检测方法及其应用领域

目前国内外对甲醛检测方法的研究是一个热点,其检测方法主要分为化学法和仪器法两种。

**1. 化学法**

(1)乙酰丙酮法

乙酰丙酮法是测定甲醛较为理想的方法,目前在各个领域已得到了广泛的应用。甲醛气体经水吸收后,在 pH 值为 6 的酸性条件下,于乙酸-乙酸铵缓冲溶液中与乙酰丙酮作用,在沸水浴条件下迅速生成稳定的黄色化合物,其颜色深度与含量成正比,在波长 413 nm 处测定吸光度值。此法的优点是不受乙醛的干扰,操作简便,稳定性好,误差小,比色液可稳定 12 h 不变,检出限为 0.25 mg/L;缺点是生成稳定的黄色物质需要约 60 min 的诱导期,另外,在含 SO₂ 的环境中采用该法测定甲醛会受到一定的影响。该方法是国家标准中测定空气、建材、纺织品和食品中甲醛含量的首选方法,应用广泛,适用性强。

(2)酚试剂法

酚试剂法即 MBTH 法,即甲醛与酚试剂(3-甲基-2-苯并噻唑啉酮腙盐酸盐,MBTH)反应生成嗪,嗪在酸性溶液中被铁离子氧化成蓝绿色化合物,室温下经 15 min 后显色,然后根据颜色深浅,进行比色定量。该方法的优点是操作简便,灵敏度高,检出限为 0.02 mg/L,较适合微量甲醛测定;缺点是脂肪族醛类和 SO₂ 对测定有一定的干扰,另外酚试剂的稳定性较差,显色剂 MBTH 在 4 ℃冰箱内仅可以保存 3 d,显色后吸光度的稳定性也不如乙酰丙酮法,显色受时间与温度等的限制。本法多用于居室中对甲醛的检测,也用于纺织品和食品中甲醛的测定。

(3)品红-亚硫酸法

品红-亚硫酸法利用甲醛与品红-亚硫酸反应显玫瑰红色,遇硫酸后颜色变成深蓝色的特性,进行比色定量。虽然醛类物质均能与品红-亚硫酸反应,但在硫酸存在下只有甲醛所产生的颜色不退,此法是甲醛的特有反应,在测定时其他醛与酚类物质不干扰。最佳检测波长为 570 nm,显色剂用量在 0.2~0.4 mL 范围内,其吸光度出现稳定值。该法的优点是测甲醛的特异性很好,操作方便,测定范围广,灵敏度高;缺点是褪色快,比色液不稳定,重现性差,而且品红-亚硫酸法受温度影响较大,一般多用于食品中甲醛的定性分析。李万海提出了改良的副品红法,即改变加入试剂次序,先加酸性副品红,后加亚硫酸钠,反之则无颜色生成,提高了方法的稳定性与灵敏度。用该法测定空气中的甲醛,可得出理想的结果。

**2. 仪器法**

(1)示波极谱法

示波极谱法是一种控制电流极谱法,用示波器观察或记录极谱曲线。甲醛在盐酸苯肼-氯化钠溶液中产生一个明晰的极谱波,峰电流与甲醛含量成正比,根据样品峰电流与甲醛标准峰电流的比较进行定量检测;在 pH 值为 5 的乙酸-乙酸钠介质中,甲醛与硫酸肼的反应物产生一个灵敏的吸附还原波,其峰高与甲醛浓度在一定范围内呈线性关系,从而能够对甲醛进行定量检测。该法操作简便、选择性好,灵敏度较好,但其对试样的前处理要求较高,所用的"滴汞电极"对环境有污染,目前多用于食品和食品包装材料中甲醛的检测。

（2）电位法

电位法也称离子选择电极法，它是一种利用膜电极将被测离子的活度转换为电极电位而加以测定的分析方法。在硫酸介质中，甲醛对将溴酸钾氧化为碘化钾的反应具有促进作用，利用这个特性，用碘离子选择电极跟踪 $I^-$，可建立测定微量甲醛的动力学电位法。该方法的线性范围为 0～5 mg/L，检出限为 0.055 mg/L。此法是一种新的研究方法，在实际中应用较少。

（3）柱色谱法

柱色谱为固定相装于柱内的色谱。据报道，杨秋菊等人将化学反应和色谱分离过程相结合，在柱内进行衍生反应，通过向流动相中加入新型衍生剂偏二甲肼，使待测组分甲醛在色谱柱内反应生成紫外检测器可检测的偏二甲腙，实现对不能直接用紫外法检测的甲醛的分析。研究表明，此方法相较于经典的柱前衍生化法有简单、实用的优点。该方法的线性范围为 30～300 mg/L，检出限量为 5 ng，相对标准偏差为 0.29%（$n=6$）。

# 模块三　知识乐园

文献检索(information retrieval)是指根据学习和工作的需要获取文献的过程。近代认为文献是指具有历史价值的文章和图书或与某一学科有关的重要图书资料,随着现代网络技术的发展,文献检索更多是通过计算机技术来完成的。

## 一、检索的定义

狭义的检索(retrieval)是指依据一定的方法,从已经组织好的大量有关文献集合中,查找并获取特定的相关文献的过程。这里的文献集合,不是通常所指的文献本身,而是关于文献的信息或文献的线索。

广义的检索包括信息存储和检索(storage and retrieval)两个过程。信息存储是将大量无序的信息集中起来,根据信息源的外表特征和内容特征,经过整理、分类、浓缩、标引等处理,使其系统化、有序化,并按一定的技术要求建成一个具有检索功能的数据库或检索系统,供人们检索和利用。而检索是指运用编制好的检索工具或检索系统,查找出满足用户要求的特定信息。

## 二、计算机检索

计算机检索是以计算机技术为手段,通过光盘和联机等现代检索方式进行文献检索的方法。与手工检索一样,计算机检索应作为未来科技人员的一项基本功,这一能力的训练和培养对科技人员适应未来社会和开展科研工作都极其重要,一个善于从电子信息系统中获取文献的科研人员,必定比不具备这一能力的人有更多的成功机会,美国报道生活新方式的期刊POV也将交互网络检索专家作为未来十大热门职业之一,这些情况都说明了计算机检索越来越重要,值得大家对这一技术予以重视。

## 三、文献分布规律

专利、标准、档案由国家的专门部门管理,如国家专利局、国家技术监督局和国家档案局以及各地的相应机构。

学术论文由国家图书馆、中国科学技术信息研究所和学位授予单位共同收藏。

图书、期刊、会议录和报告等面广量大的文献主要由国家文献信息系统提供。

国家文献信息系统包括科技信息系统、社会科学院图书馆系统、高校图书馆系统和公共图书馆系统四个。

## 四、文献检索语言

文献检索语言是一种人工语言,用于各种检索工具的编制和使用,并为检索系统提供一种统一的、基准的、用于信息交流的符号化或语词化的专用语言。因其使用的场合不同,检索语言也有不同的叫法。例如在存储文献的过程中用来标引文献,叫标引语言,用来索引文献则叫索引语言,在检索文献过程中则为检索语言。检索语言按原理可分为四大类。

**1. 分类语言**

分类语言是将表达文献信息内容和检索课题的大量概念,按其所属的学科性质进行分类和排列,成为基本反映通常科学知识分类体系的逻辑系统,并用号码(分类号)来表示概念及其在系统中的位置,甚至还表示概念与概念之间关系的检索语言。《中国图书馆分类法》是我国图书分类法的基础,它把一切知识门类按"五分法"分为马列主义、毛泽东思想,哲学,社会科学,自然科学,综合性图书这五大部类,并在此基础上建成由 22 个大类组成的体系系列。

**2. 主题语言**

主题语言是指经过控制的、表达文献信息内容的语词。主题词需规范,主题词表是主题词语言的体现,词表中的词作为文献内容的标识和查找文献的依据。

**3. 关键词语言**

关键词语言指从文献内容中抽出来的关键的词,这些词作为文献内容的标识和查找目录索引的依据。关键词不需要规范化,也不需要关键词表作为标引和查找图书资料的工具。

**4. 自然语言**

自然语言指文献中出现的任意词。

## 五、检索步骤

文献检索是一项实践性很强的活动,它要求我们善于思考,并通过经常性的实践,逐步掌握文献检索的规律,从而迅速、准确地获得所需文献。一般来说,文献检索可分为以下步骤:

①明确查找目的与要求;

②选择检索工具;

③确定检索途径和方法;

④根据文献线索,查阅原始文献。

## 六、检索工具

(一)印刷型检索

**1. 目录、索引、文摘**

目录,也称书目。它是著录一批相关图书或其他类型的出版物,并按一定次序编排而成的一种检索工具。索引,是记录一批或一种图书、报刊等所载的文章篇名、著者、主题、人名、地名、名词术语等,并标明出处,按一定排检方法组织起来的一种检索工具。索引不同于目录,它是对出版物(书、报、刊等)内的文献单元、知识单元、内容事项等的揭示,并注明出处,方便进行细致深入的检索。文摘,是以提供文献内容梗概为目的,不加评论和补充解释,简明、确切地记述文献重要内容的短文。汇集大量文献的文摘,并配上相应的文献题录,按一定的方法编排而成的检索工具,称为文摘型检索工具,简称为文摘。

**2. 百科全书**

百科全书是参考工具书之王。它是概述人类一切门类或某一门类知识的完备工具书,是知识的总汇。它是对人类已有知识进行汇集、浓缩并使其条理化的产物。百科全书一般按条目(词条)字顺编排,另附有相应的索引,可供迅速查检。

**3. 年鉴**

年鉴是按年度系统汇集一定范围内的重大事件、新进展、新知识和新资料,供读者查阅的工具书。它按年度连续出版,所收内容一般以当年为限。它可用来查阅特定领域在当年发生的事件、进展、成果、活动、会议、人物、机构、统计资料、重要文件或文献等方面的信息。

**4. 手册、名录**

手册,是汇集经常需要查考的文献、资料、信息及有关专业知识的工具书。名录,是提供有关专名(人名、地名、机构名等)的简明信息的工具书。

**5. 词典(字典)**

词典是最常用的一类工具书,分为语言性词典(字典)和知识性词典。

**6. 表谱、图录**

表谱,是采用图表、谱系形式编写的工具书,大多按时间顺序编排,主要用于查检时间、历史事件、人物信息等。图录,包括地图、历史图谱、文物图录、艺术图录和人物图录等。

(二)计算机检索

**1. SCI**

SCI 是美国《科学引文索引》的英文简称,其全称为 Science Citation Index,创刊于 1961 年,它是根据现代情报学家尤金·加菲尔德(Eugene Garfield)1953 年提出的引文思想而创立的。SCI 是由 ISI(Institute for Scientific Information Inc.,美国科学信息研究所)出版的,现为双月刊。ISI 除出版 SCI 外,还有联机型数据库 SCISEARCH,ISTP(Index to Scientific & Technical Proceeding)也由其出版。SCI 是一部国际性索引,包括自然科学、生物、医学、农业、技术和行为科学等,主要侧重基础科学。所选用的刊物来源于 94 个类、40 多个国家、50 多种文字,这些国家主要有美国、英国、荷兰、德国、俄罗斯、法国、日本、加拿大等,也收录一定数量的中国刊物。

**2. EI**

EI 创刊于 1884 年,是美国工程信息公司(Engineering Information Inc.)出版的著名工程技术类综合性检索工具。收录文献几乎涉及工程技术各个领域,例如动力、电工、电子、自动控制、矿冶、金属工艺、机械制造、土建、水利等。

**3. ISTP**

ISTP 创刊于 1978 年,由美国科学信息研究所编辑出版。该索引收录生命科学、物理与化学科学、农业、生物和环境科学、工程技术和应用科学等学科的会议文献,包括一般性会议、座谈会、研究会、讨论会、发表会等。其中工程技术与应用科学类文献约占 35%,其他涉及学科基本与 SCI 相同。

**4. 中国知网**

知网是国家知识基础设施(National Knowledge Infrastructure,NKI)的概念,由世界银行于 1998 年提出。CNKI 工程是以实现全社会知识资源传播共享与增值利用为目标的信息化建设项目,由清华大学、清华同方发起,始建于 1999 年 6 月。

**5. 维普网**

维普网建立于 2000 年,其所依赖的《中文科技期刊数据库》是中国最大的数字期刊数据库。

其他检索网站在此不一一列举。

## 七、我国文献检索教育的发展

### 1. 第一阶段——1949 年以前的目录学教育阶段

我国自古代起就比较重视目录学教育,到清朝乾嘉时期,目录学一度成为"显学"(著名的学说、学派),成为学人必读的一门学问。到了近代,在教育界人士和文化学者的热心倡导下,用户教育以目录学、参考工具书使用法为主要内容在大学讲坛上得到了传播。这段时期,图书馆学、情报学用户教育处于萌芽时期,图书馆利用的教育刚出现,但因体制等原因没有坚持下去。如东南大学在 1920 年曾办过几次图书馆暑期学校,也搞过读者培训,但到 1930 年以后,由于学校内外条件的变迁、人事变动而未能继续下去。

### 2. 第二阶段——1949—1966 年的起步阶段

1949 年以后,我国的高等教育进入了一个新的历史时期,大学图书馆也走上了新的发展阶段,图书馆的用户教育进入起步阶段。无论是在教育思想、目标、方法还是观念形态、内容方面,大学图书馆用户教育都发生了重大的变化,如召开读书座谈会、组织阅读交流活动等。南京师范学院等为学生开设了"目录学""语文工具书使用方法""中文工具书使用方法"等课程;南京工学院等从 20 世纪 50 年代到 60 年代,曾为在校大学生开设过"怎样查找科技文献""美国四大报告文献检索"等课程。还有一些学校为学生开设了专业文献利用课。

### 3. 第三阶段——1976—1983 年的生长时期

1966—1976 年教育陷入停顿或瘫痪。

1981 年 7 月和 8 月,《人民日报》先后刊载刘毅夫、潘树广建议在高校开设文献检索课的文章;1983 年,全国高校图书馆工作委员会秘书处筹办了理工、医药、农业 3 个文献检索课师资培训班,10 月召开了"全国高校'文献检索与利用'课专题讨论会"。

这一时期,国内已有一定数量的学校开设了文献检索课。

### 4. 第四阶段——1984 年以后进入新的发展时期

①国家重视。1984 年教育部下达了〔84〕教高一字 004 号文件《关于在高等学校开设文献检索与利用课的意见》。1985 年 9 月又颁发了《关于改进和发展文献课教学的几点意见》,提出了文献检索课"要逐步实现分层次连续教育"的教学指导思想。两个文件的颁发,成为用户教育兴旺发达的重要保障,也为文献检索课的教学奠定了基础。1992 年 5 月原国家教委再次印发了《文献检索课教学基本要求》,对文献检索课的课程性质、教学目的要求等作了细致而全面的规定,从而使文献检索课从形式到内容更加规范化、系统化。1996 年成立了全国文献检索课教学指导小组。

②教学手段丰富。检索课程教育中开始应用多媒体技术编制计算机辅助教学课件,或在电子阅览室或多媒体教室进行演示性教学,或将教学内容做成交互式学习课程发布到网上供用户自学。

③教学面扩大,教学队伍壮大。到 20 世纪 90 年代中期已有 700 多所高校开设了"文献检索"课,形成了 2000 多人的师资队伍,出版了 600 多种教材。文献检索经过 20 余年的实践和探索,正在逐步发展成为一门具有一定理论深度和知识广度的课程。

④国家技术监督局在 1992 年 11 月颁布了《国家标准学科分类代码》,将文献检索学列

为类目,成为一个独立的三级学科。国家教育部于 1998 年颁布《普通高等学校本科专业目录》,其培养要求明确规定目录中的 218 种专业须"掌握文献检索、资料查询的基本方法"或"掌握资料查询、文献检索及运用现代信息技术获取相关信息的基本方法"。

文献检索

# 项目二　面粉品质的评价

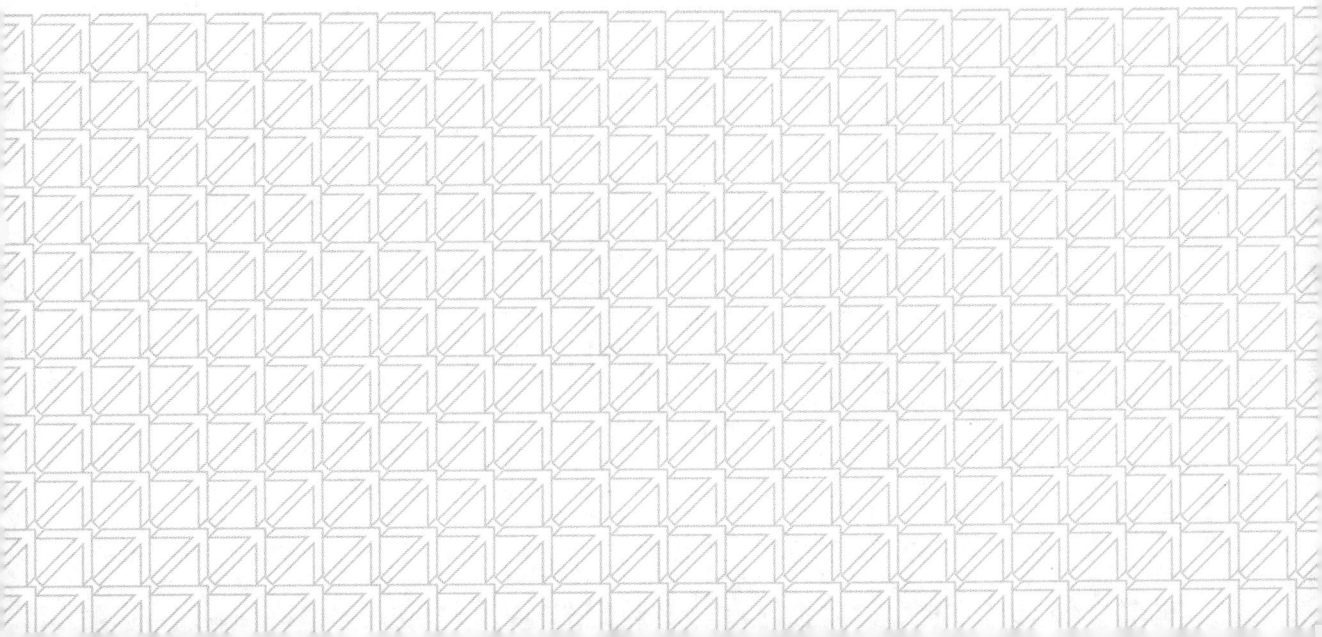

# 模块一　工作任务书

## 一、项目基本情况

| 工作任务名称 | 项目二　面粉品质的评价 | | |
|---|---|---|---|
| 工作时间 | 32课时 | 工作小组及成员名单 | |
| 指导教师 | 石昕 | 工作地点 | 超市、企业现场、青职检测公司接样室 |
| 工作任务描述 | 青职检测公司接受客户委托，对市内各大超市在售面粉进行质量检测。<br><br>任务要求：<br>1.通过国标检索，根据实验室现有条件明确面粉检测的工作任务；<br>2.制定面粉的检测方案；<br>3.实施面粉检测；<br>4.完成检测报告。 | | |
| 能力目标 | 1.能够熟练地查阅文献，确定检测方案；<br>2.能够通过小组协作顺利完成检测任务；<br>3.能够出具完整的检测报告。 | | |

## 二、资讯内容

| 序号 | 自主查阅资料或学习内容 | 资料来源 |
|---|---|---|
|  |  |  |
|  |  |  |
|  |  |  |
|  |  |  |
|  |  |  |
|  |  |  |
|  |  |  |
|  |  |  |

### 三、工作心得

1.本项目完成过程中你最感兴趣的是什么?

2.完成本项目你最大的收获是什么?

3.下一个项目中,你打算在哪些方面作重点改进?

4.完成本项目过程中,你遇到了哪些障碍? 你又采取了哪些措施解决障碍?

# 模块二　检测报告模板

报告编号：

# 检测报告

样　品　名　称：＿＿＿＿＿＿＿＿＿＿＿＿＿＿＿＿＿＿＿

委　托　单　位：＿＿＿＿＿＿＿＿＿＿＿＿＿＿＿＿＿＿＿

检　验　小　组：＿＿＿＿＿＿＿＿＿＿＿＿＿＿＿＿＿＿＿

检　验　组　长：＿＿＿＿＿＿＿＿＿＿＿＿＿＿＿＿＿＿＿

检　验　组　员：＿＿＿＿＿＿＿＿＿＿＿＿＿＿＿＿＿＿＿

＿＿＿＿＿＿＿＿＿＿＿＿＿＿＿＿＿＿＿

青岛职业技术学院

20＿＿＿年＿＿＿月＿＿＿日

# 注意事项

一、报告无"检测报告专用章"或者检验单位公章无效。

二、复制报告未重新加盖"检测报告专用章"或者检验单位公章无效。

三、报告无主检、审核、批准人签字作无效处理。

四、报告涂改无效。

五、对检测报告若有异议,应于收到报告之日起十五日内向检测单位提出,逾期不予受理。

六、一般情况下,委托检验只对来样负责。

七、未经检测小组组长许可,不得随意更改。

八、解释权归检测中心所有。

地址:

电话:

邮政编码:

# 检验报告

| 产品名称 | | 型号规格 | |
| --- | --- | --- | --- |
| | | 商标 | |
| 制造商 | | 样品外观 | |
| 采样日期 | | 检验日期 | |
| 检验依据 | | | |
| 检验项目 | | | |
| 检验结论 | | | |
| | | 签发日期：　　年　　月　　日 | |
| 备注 | | | |
| 检测员 | | | |
| | | 日期： | |
| 审核： | | 复审： | |

## 检验项目及检测结果（可根据需要加页）

| 项目编号 | 检测项目 | 标准编号 | 具体内容及过程 | 检测结果 |
|---|---|---|---|---|
| 1 | | | | |
| 2 | | | | |

# 模块三　知识乐园

## 第一部分　食品基本营养成分的测定

食品的一般成分包括水分、灰分、酸、脂肪、碳水化合物、蛋白质、维生素等,它们是食品的固有成分,这些成分的含量往往是确定食品品质的关键指标。

### 第一节　水分的测定

水是维持动植物和人类生存必不可少的物质之一,也是食品的重要组成成分。各类食品水分含量的差别很大,例如鲜果的水分含量为 $70\%\sim93\%$,鲜菜的水分含量为 $80\%\sim97\%$,鱼的水分含量为 $67\%\sim81\%$,蛋的水分含量为 $67\%\sim74\%$,乳类制品的水分含量为 $87\%\sim89\%$,猪肉的水分含量为 $43\%\sim59\%$,面粉的水分含量为 $12\%\sim14\%$,饼干的水分含量为 $25\%\sim45\%$。

#### 一、水分测定的意义

食品中水分的测定是食品分析的重要项目之一,它对于计算生产中的物料平衡,实行工艺控制与监督等方面,都有很重要的意义。

**1. 水分是一项重要的质量指标**

一定的水分含量可保持食品品质,延长食品保藏时间,各种食品的水分含量都有各自的标准,有时水分含量升高或降低 $1\%$,对质量和经济效益上均会造成较大影响。例如,奶粉要求水分含量为 $2.0\%\sim3.0\%$,若为 $4\%\sim6\%$,也就是水分含量提高到 $3.5\%$ 以上,就会造成奶粉结块,导致商品价值降低。而且水分含量提高后奶粉会变色,储藏期会缩短。另外,有些食品水分含量过高,其组织状态会发生软化,弹性也会降低或者消失。

食品的水分含量还影响到食品的风味,干燥的食品及受潮的食品会发生许多物理性质的变化,如面包和饼干类食品的变硬就不仅仅是失水干燥,也是水分变化造成淀粉结构发生变化的结果,香肠的口味也与其吸水、持水情况有着十分密切的关系。所以,水分含量对食品的鲜度、软硬度、流动性、呈味性、保藏性、加工性等许多方面有着极为重要的影响。

**2. 水分是一项重要的经济指标**

食品加工厂可按照原料中的水分含量进行物料衡算。如鲜奶的水分含量是 $87.5\%$,用这种奶生产奶粉(水分含量为 $2.5\%$),需要多少鲜奶才能生产一吨奶粉(出粉率是 $7:1$)。类似这样的物料衡算,均可以以水分测定为依据进行。这也可对生产进行指导管理。又如生产面包,100 斤面需用多少斤水,要先进行物料衡算。面团的韧性与水分有关,加水量多,面团软,加水量少,面团硬,做出的面包体积不大,影响经济效益。

**3. 水分含量与微生物的生长及生化反应都有密切的关系**

在一般情况下要将水分含量控制得低一点,防止微生物生长,但是水分含量并非越低越好。通常微生物作用比生化作用更加强烈。

以上三点可以说明水分测定的重要性,水分在食品分析中是必测的一项指标。

## 二、水分在食品中的存在形式

大家都知道,食品有固体、半固体、液体之分,它们不论是原料,还是半成品、成品,都含有一定量的水。那么这些水在食品中以什么形式存在呢? 其大致可分为两种状态:自由水、结合水。

### (一)自由水(free water)

自由水又称为游离水或非结合水,主要存在于植物细胞间隙,具有水的一切特性,也就是说 100 ℃时水要沸腾,0 ℃以下要结冰,并且易气化。自由水是食品的主要分散剂,可以溶解糖、酸、无机盐等,可用简单的热力学方法除掉。自由水又可以分为滞化水、自由流动水和毛细管水。

### (二)结合水(bond water)

#### 1. 束缚水

束缚水又称吸附水,是与食品中的脂肪、蛋白质、碳水化合物等结合的水,它以氢键的形式与有机物的活性基团结合在一起。束缚水不具有水的特性,所以要除掉这部分水非常困难。

束缚水的特点:①不易结冰,凝固点为－40 ℃;②不能作为溶质的溶剂。

#### 2. 结合水

这种水是以配位键的形式存在的。它们之间结合得很牢固,难以用普通方法去除。

在烘干食品时,自由水容易气化,而结合水难以气化。冷冻食品时,自由水冻结,而结合水在－30 ℃仍然不冻结。结合水和食品的构成成分结合,稳定食品的活性基。自由水促使腐蚀食品的微生物繁殖,能够促进酶的作用,并能够加速非酶褐变反应或脂肪氧化等化学劣变。

## 三、水分活度

上面介绍的食品中的水分,是按照水分在食品中的存在状态划分的。无论是自由水还是结合水,都是以将食品加热到 100~115 ℃时的减重来测量的。实际上,食品中的水分会随环境条件的变化而变化。

如果食品周围环境的空气干燥,湿度低,则水分从食品向空气蒸发,水分逐渐减少而变得干燥;反之,如果环境湿度高,则干燥的食品就会吸湿以致水分增多。总之,不管是吸湿或是干燥,最终都是达到食品水分与周围环境水分的平衡。通常,我们把此时的水分称为平衡水分(equilibrum moisture)。

也就是说,食品中的水分并不是静止的,应该视为活动的状态,所以,从食品保藏的角度出发,食品的含水量不用绝对含量表示,而是用水分活度($A_w$)来表示。水分活度是指食品中水分存在的状态,即食品与食品的结合程度或游离程度,结合程度越高,水分活度越低,结合程度越低,水分活度越高。其定义式是食品所显示的蒸汽压与同一湿度下最大蒸汽压之比,即

$$A_w = P/P_0 = R_H/100$$

式中:$P$——食品中的蒸汽压;

$P_0$——纯水的蒸汽压(相同湿度下纯水的蒸汽压);

$R_H$——平衡相对湿度(反映了食品周围空气的状态)。

$A_w$反映了食品与水的亲和能力,它表示食品中所含的水分作为微生物化学反应和微生物生长的可用价值。食品的水分活度的高低是不能按其水分含量来考虑的。例如,金黄色葡萄球菌生长要求的最低水分活度是 0.86,而对应于这个水分活度的水分含量则随不同的食品而异,如干肉为 23%,乳粉为 16%,浓缩肉汁是 63%,所以按照水分含量多少难以判断食品的保藏性,测定和控制水分活度对食品保藏才有意义。

## 四、测定方法

食品中水分的测定方法很多,通常可以分为两类:直接法和间接法。

直接法:利用水分本身的物化性质来测定水分的方法,如干燥法、蒸馏法、卡尔·费休法。

间接法:利用食品的相对密度、折光率等物理性质测定水分的方法。

因为直接法的准确度高于间接法,所以本节重点介绍几种常用的直接法。

(一)干燥法

干燥法包括常压干燥法、减压干燥法、红外线干燥法等,此处主要介绍常压干燥法。常压干燥法的注意事项如下。

①水果、蔬菜应先洗去泥沙,再用蒸馏水冲洗一次,最后用纱布吸干表面的水分。

②用硅胶作为干燥剂,当干燥剂由蓝色变为红色时,要及时更换,失效的硅胶在 135 ℃下烘干 2～3 h,使其再生。

③加热过程中,有些物质会发生化学反应,影响测定结果。例如,果糖含量较高的样品(水果、蜂蜜等)在高温(大于 70 ℃)下长时间加热会氧化分解,所以不能用这种方法,要用减压干燥法。再如,含较多氨基酸或蛋白质的样品,长时间加热会发生羟氨反应,析出水分。

④恒重标准。两次干燥的质量差 $\Delta W \leqslant 3$ mg。

⑤含挥发性组分较多的食品,例如低醇饮料等宜用蒸馏法测定。

⑥测完水分后的样品还可以接着测脂肪等其他项目。

⑦从烘箱中取出后应立即放入干燥器中冷却,否则不易达到恒重。

(二)蒸馏法

蒸馏法的注意事项如下。

①取样量合适,谷类、豆类取 20 g,鱼、肉、蛋、乳等取 5～10 g。

②溶剂一般用甲苯,其沸点是 110.7 ℃,若有样品在这个温度下还会分解,则需使用苯,其沸点是 80.2 ℃,但是蒸馏时间会加长。

(三)卡尔·费休法

卡尔·费休法不仅可以测自由水,还可以测结合水。

**1.原理**

卡尔·费休法属于碘量法,可作为衡量水分的标准分析法。其化学反应方程式为

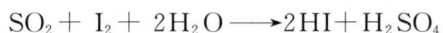

$$SO_2 + I_2 + 2H_2O \longrightarrow 2HI + H_2SO_4$$

**2.确定终点的方法**

①用试剂本身含有的 $I_2$ 作指示剂(适用于含水量大于 1% 的情形)。

试样有水分时,溶液呈现淡黄色,随着水分的减少,溶液渐显琥珀色,当刚出现黄棕色时,即为滴定终点(说明有过量的 $I_2$ 存在)。

②电化学方法(双指示电极安培滴定法,又称为永停滴定法)。

滴定至终点前,溶液中无过量的 $I_2$,所以不存在 $I_2/I^-$,没有电流通过电流表,电流表指针不动;到达终点时,过量一滴 $I_2$,都会使溶液中存在 $I_2/I^-$,则会有电流通过电流表,电流表的指针就会转动指示到达终点。

**3. 适用范围**

该方法适用于食品、化肥、医药等产品中水分的测定。含有强还原性组分的样品不宜用此法测定。

**4. 注意事项**

①实际应用的卡尔·费休试剂中的 $SO_2$、$C_5H_5N$、$CH_3OH$ 都是过量的。

②卡尔·费休试剂的有效浓度取决于单质碘的浓度,新配的试剂其有效浓度会不断降低,所以需要放置一段时间后才能使用,而且每次使用前都要重新标定。

(四)水分活度的测定方法

食品中水分活度的测定方法很多,如蒸汽压力法、电湿度计法、附感敏器的湿动仪法、溶剂萃取法、扩散法、水分活度测定仪法和近似计算法等。一般常用的是水分活度测定仪法(AW 测定仪法)、溶剂萃取法和扩散法。AW 测定仪法操作简便,能在较短时间内得到结果。

**1. AW 测定仪法**

(1)原理

在一定温度下,利用 AW 测定仪中的传感器对食品中水的蒸汽压力变化进行测量,从仪器的表头上读出指针所示的水分活度值。在样品测定前需用氯化钡溶液校正 AW 测定仪的 $A_w$ 值。

(2)步骤

①仪器校正。

取两张滤纸→浸于氯化钡饱和溶液中→用小夹子轻轻地把滤纸放在仪器的样品盒内→然后将传感器的表头放在样品盒上,轻轻地拧紧→置于 20 ℃恒温烘箱中加热 3 h→用校正螺丝将 AW 测定仪的 $A_w$ 值校正为 9.00。

②样品测定。

取样→于 15~25 ℃下恒温后→果蔬样品迅速捣碎取汤汁,与固形物按比例取样(肉和鱼等固体试样需适当切细)→将样品置于容器样品盒内→将传感器的表头置于样品盒上轻轻地拧紧→置于 20 ℃恒温烘箱中加热 2 h→不断观察表头仪器指针的变化情况→等指针恒定不变时,所指的数值即为此温度下试样的 $A_w$ 值。

**2. 溶剂萃取法**

(1)原理

食品中的水可用不混溶的溶剂苯来萃取。在一定温度下苯萃取的水量随样品的水分活度而变化,即苯萃取的水量与水相中的水分活度相关,同温度下测定的苯中饱和溶解水与水相中的水的比值即为该样品的水分活度。

(2)步骤

称样 1.00 g→置于 250 mL 磨口三角烧瓶中→加 100 mL 苯→塞上瓶塞→振摇 1 h→静

置 10 min→吸取 50 mL→置于卡尔·费休水分测定器中→加无水甲醇 70 mL→混合→用 KF 试剂滴至微红色→至电流指针不变即为终点→记录。

（3）求苯中饱和溶解水值

取蒸馏水 10 mL 代替样品→加苯 100 mL→振摇 2 min→静置 5 min→剩余步骤同 AW 测定仪法的样品测定步骤。

（4）计算

$$A_w = \frac{[H_2O]_n \times 10}{[H_2O]_0}$$

式中：$A_w$——样品中水分活度值；

$[H_2O]_n$——从食品中萃取的水量，即 KF 试剂滴定度乘滴定样品消耗 KF 试剂毫升数；

$[H_2O]_0$——测定纯水中萃取水量。

**3. 扩散法**

样品在康威氏微量扩散皿的密封和恒温条件下，分别在水分活度值较高和较低的标准饱和溶液中扩散平衡后，根据样品重量增加和减少的量，求出样品的 $A_w$ 值。

## 第二节　灰分的测定

灰分代表食品中的矿物盐或无机盐类，在测定食品的灰分时，如果其含量很高，则说明该食品生产工艺粗糙或混入了泥沙，或者加入了不符合卫生标准的食品添加剂。必要时，还可以分析灰分中含的各种元素（如 Ca、P、Fe、I、K、Na 等），这也是评价食品营养的参考指标。所以，对食品中的灰分含量应作出规定。

在讲灰分测定的意义之前，我们先要弄清楚何谓灰分。灰分，即有机物经高温灼烧以后的残留物，又称为粗灰分和总灰分。不同食品，要求的灼烧条件不同，残留物也不同，灰分中的无机成分和原有无机成分并不完全相同。因为在灼烧时，一些易挥发的组分，如 Cl、I、Pb 等会挥发散失，而 P、S 等会以含氧酸的形式挥发，使部分无机元素成分减少；有些有机成分如 C 可能会形成无机物——碳酸盐，又使无机组分增加。所以严格地讲，灰分应称为粗灰分。

### 一、灰分测定的意义

食品的灰分含量是控制食品成品或半成品质量的重要指标。比如，牛奶中灰分的含量是恒定的，一般为 0.68%～0.74%，平均值非常接近 0.70%，因此可以通过测定牛奶中灰分的含量判断牛奶是否掺水。若牛奶中掺水，则其灰分含量降低。另外，还可以通过灰分测定判断浓缩比，如果测出牛奶灰分在 1.4%左右，说明牛奶浓缩了一倍。又如富强粉，麦子中麸皮灰分含量高，而胚乳中蛋白质含量高，麸皮的灰分含量比胚乳的灰分含量高 20 倍，也就是说面粉的精度越高，其灰分含量越低。

①评定食品是否卫生，有没有污染。

如果灰分含量超过了正常范围，说明食品生产中使用了不合理的卫生标准。

如果原料中有杂质或加工过程中混入了一些泥沙，则测定灰分含量时可检出。

②判断食品是否掺假。

③作为评价食品营养的参考指标（通过测定各种元素的含量）。

## 二、灰分的测定

(一)总灰分的测定

通常所说的灰分就是指总灰分,包括水溶性灰分、水不溶性灰分、酸溶性灰分、酸不溶性灰分。

**1. 准备坩埚(灰化容器)**

目前常用的坩埚包括石英坩埚、素瓷坩埚、白金坩埚、不锈钢坩埚。

实验室常用的坩埚为素瓷坩埚,它的物理性质和化学性质与石英坩埚相同,耐高温,内壁光滑,可以用热酸洗涤,价格低,对碱性敏感。下文提到的坩埚都是指素瓷坩埚。

坩埚的准备工作:坩埚→盐酸(1:4)煮沸洗净→降至 200 ℃→放入干燥室内,冷却到室温→称重(空坩埚)。

**2. 样品的处理**

各种样品取多少克应根据样品种类而定,另外,对于不能直接烘干的样品应先进行预处理。

①液体样品(牛奶、果汁)先在水浴上蒸干湿样。主要是先去水,不能用马弗炉直接烘干,否则样品沸腾后会飞溅,导致样品损失,影响结果。

②含水量多的样品(果蔬)应在烘箱内干燥。

③富含脂肪的样品应先提取脂肪,即放到小火上烧,直到烧完为止,再进行炭化。

④富含糖、蛋白质、淀粉的样品在灰化前加几滴纯植物油(防止发泡)。

**3. 选择灰化的温度**

灰化的温度因样品不同而有差异,大体是:果蔬制品、肉制品、糖制品类不高于 525 ℃;谷物、乳制品(除奶油外)、鱼、海产品、酒类不高于 550 ℃。

根据上文所述,我们可选择测灰分的温度,灰化温度过高,会造成无机物($NaCl$、$KCl$)的损失,也就是说增加灰化温度,就增加了 $KCl$ 的挥发损失,$CaCO_3$ 则变成 $CaO$,磷酸盐熔融,然后包住碳粒,使碳粒无法氧化,所以选择的灰化温度不能过高。应根据所测的样品来选择灰化温度。

**4. 灰化时间**

对于灰化时间一般无规定,针对试样和灰化的颜色,一般灰化到无色(灰白色)。灰化的时间过长,损失大,一般需要灰化 2~5 h,有些样品即使灰化完全,颜色也达不到灰白色,如 Fe 含量高的样品,残余灰分呈蓝褐色,Mn、Cu 含量高的食品,残余灰分呈蓝绿色,所以应根据不同样品来看颜色。

**5. 加速灰化的方法**

对于一些难灰化的样品(如动物性食品、蛋白质含量较高的食品),为了缩短灰化周期,应采用加速方法加速灰化过程,一般可采用三种方法来加速灰化。

①改变操作方法。

样品初步灼烧后取出坩埚→冷却→在灰分中加少量热水→搅拌,使水溶性盐溶解,使包住的碳粒游离出来,蒸去水分→干燥→灼烧。

②加 $HNO_3$(1:1)或 30%$H_2O_2$。

使未氧化的碳粒充分氧化并使它们生成 $NO_2$ 和水,这类物质灼烧时完全消失,不至于增加残留物的灰分重量。

③加惰性物质。

向样品中加入惰性物质,如 Mg、CaCO₃等,这些惰性物质难以溶解,使碳粒不被覆盖。采用此法的同时做空白实验。

**6. 测定步骤**

在坩埚中称取定量样品→在电炉中炭化至无烟→在 500 ℃马福炉中灼烧到灰白色→冷却到 200 ℃→入干燥皿冷却到室温→称重后灼烧 1 h→冷却,反复操作至恒重。

灰分的含量可由下式计算得出:

$$灰分(\%)=\frac{灰分重量}{样品重量}\times100\%$$

(二)水溶性灰分和水不溶性灰分的测定

总灰分+25 mL 水(加盖)→加热,用无灰滤纸过滤→残渣用 25 mL 水洗(使可溶性灰分全部进入滤纸)→将不溶物质连同滤纸一起放回坩埚中灰化(干燥,灼烧)→称重→得到水不溶性灰分(水不溶性灰分除泥沙外,还有 Fe、Al 等金属氧化物和碱土金属的碱式磷酸盐)。

水溶性灰分含量可由下式计算得出:

$$水溶性灰分(\%)=总灰分(\%)-水不溶性灰分(\%)$$

(三)酸不溶性灰分和酸溶性灰分的测定

用总灰分(水不溶性灰分)+25 mL HCl(10%)溶液微沸过滤→残渣用热水洗至无氯离子为止→坩埚(残留物+滤纸)→干燥灼烧→冷却→称重。

酸不溶性灰分含量和酸溶性灰分含量可由下式得出:

$$酸不溶性灰分(\%)=\frac{残留物重量}{样品重量}\times100\%$$

$$酸溶性灰分(\%)=总灰分(\%)-酸不溶性灰分(\%)$$

## 第三节　酸度的测定

食品中的酸味物质,主要是溶于水的一些有机酸和无机酸。在果蔬及其制品中,以苹果酸、柠檬酸、酒石酸、琥珀酸和醋酸为主,在肉、鱼类食品中以乳酸为主。此外,还有一些无机酸,如盐酸、磷酸等。这些酸味物质,有的是食品中的天然成分,如葡萄中的酒石酸、苹果中的苹果酸;有的是人为加入的,如配制型饮料中加入的柠檬酸;还有的是在发酵中产生的,如酸牛奶中的乳酸。酸在食品中的作用主要有以下三个方面。

**1. 用作显味剂**

不论是哪种途径得到的酸味物质,都是重要的显味剂,对食品的风味有很大的影响。其中大多数有机酸具有很浓的水果香味,能刺激食欲,促进消化,有机酸在维持人体体液酸碱平衡方面起着重要的作用。

**2. 保持颜色稳定**

食品中酸味物质的存在,即 pH 值的高低,对保持食品颜色的稳定性也起着一定的作用。在水果加工过程中,甲酸能降低介质的 pH 值,可以抑制水果的酶促褐变反应;选用 pH 值为 6.5～7.2 的沸水热烫青菜,能很好地保持绿色蔬菜特有的鲜绿色。

### 3.防腐作用

酸味物质在食品中还能起到一定的防腐作用。当食品的 pH 值小于 2.5 时,一般除霉菌外,大部分微生物的生长都受到了抑制;若将醋酸的浓度控制在 6% ,可有效地抑制腐败菌的生长。

## 一、食品中酸度测定的意义

### 1.测定酸度可判断蔬菜的成熟程度

例如:如果测定出葡萄所含的有机酸中苹果酸高于酒石酸,说明葡萄还未成熟,因为成熟的葡萄含大量的酒石酸。不同种类的水果和蔬菜,酸的含量因成熟度、生长条件而异,一般成熟度越高,酸的含量越低。如番茄在成熟过程中,总酸度从绿熟期的 0.94% 下降到完熟期的 0.64% ,同时糖的含量增加,糖酸比增大,具有良好的口感,故通过对酸度的测定可判断原料的成熟度。

### 2.可判断食品的新鲜程度

例如,鲜牛奶中乳酸含量过高,说明牛奶已经开始腐败变质;水果制品中有游离的半乳糖醛酸,说明水果已腐烂。

### 3.酸度可作为食品的质量指标

食品中有机酸含量的多少,直接影响食品的风味、色泽、稳定性和品质的高低。酸的测定对微生物发酵过程具有一定的指导意义,如酒和酒精生产中,对麦芽汁、发酵液、酒曲等的酸度都有一定的要求。发酵制品中的酒、啤酒及酱油、食醋等中的酸也是一个重要的质量指标。

### 4.维持人体内环境的酸碱平衡

酸在维持人体体液的酸碱平衡方面起着显著的作用。每个人对体液的 pH 值都有一定的要求,人体体液的 pH 值为 7.3~7.4,如果过大,人就会出现抽筋现象,如果过小,则又会发生酸性中毒。

## 二、食品中常见的有机酸

### 1.食品中常见的有机酸

食品中常见的有机酸有柠檬酸、苹果酸、酒石酸、草酸、琥珀酸、乳酸及醋酸等。这些有机酸有的是食品原料中固有的,如水果、蔬菜及其制品中的有机酸;有的是在食品加工中添加进去的,如汽水中的有机酸;有的是在生产、加工、贮存中产生的,如酸奶、食醋中的有机酸。一种食品中可同时含有一种或多种有机酸。如苹果中主要含有苹果酸(1.02%),含柠檬酸较少(0.03%);菠菜中则以草酸为主,此外还含有苹果酸及柠檬酸等。有些食品中的酸是人为添加的,故较为单一,如可乐中主要含有磷酸。

### 2.食品中常见的有机酸的含量

果蔬中有机酸的含量取决于品种、成熟度以及产地气候条件等因素,其他食品中有机酸的含量取决于其原料种类、产品配方等。

### 3.一些常见食品的 pH 值

一些果蔬的 pH 值如下。

苹果:3.0~5.0;胡萝卜:5.0;梨:3.2~3.95;西瓜:6.0~6.4;杏:3.4~4.0;番茄:4.1~4.8;桃:3.2~3.9;豌豆:6.1;辣椒(青):5.4;橙:3.55~4.9;南瓜:5.0;菠菜:5.7;草莓:3.8~4.4。

一些食品的 pH 值如下。

羊肉:5.4~6.7;猪肉:5.3~6.9;鸡肉:6.2~6.4;鱼肉:6.6~6.8;牛乳:6.5~7.0;鲜蛋白:7.8~8.8;鲜蛋黄:6.0~6.3。

### 三、酸度的测定

酸度可以分为总酸度、有效酸度和挥发酸度。

总酸度:食品中所有酸性物质的总量,包括离解的和未离解的,常用标准碱溶液进行滴定,又称为可滴定酸度。

有效酸度:样品中呈游离状态的氢离子的浓度(准确讲是活度),常用 pH 计测量。

挥发酸度:易挥发的有机酸,如醋酸、甲酸等,通过蒸馏法分离,再用标准碱溶液进行滴定。

#### (一)总酸度的测定

总酸度测定的几点说明如下。

①食品中含有多种有机酸,总酸度测定的结果一般以样品中含量最多的酸来表示。例如:柑橘类果实及其制品以柠檬酸表示;苹果类果实及其制品以苹果酸表示;葡萄类果实及其制品以酒石酸表示;乳制品、肉类、水产品等及其制品以乳酸表示;酒、调味品等以乙酸表示。

②有机酸为弱酸,用氢氧化钠滴定时,其滴定终点偏碱性(pH 值为 8.2 左右),所以应该用酚酞作为指示剂。

③若试样颜色影响重点观察,可加同体积水稀释或用活性炭脱色,若还不行,则应改用电位滴定法。

④牛乳酸度的表示方法。

牛乳中有两种酸度:外表酸度和真实酸度。

外表酸度(固有酸度):刚挤出来的新鲜牛乳本身所具有的酸度,主要源于鲜牛乳中的酪蛋白、白蛋白等酸性物质,含量为 0.15%~0.18%。

真实酸度(发酵酸度):牛乳放置过程中,乳酸菌作用于乳糖而产生乳酸,使得测定所得总酸度升高。习惯上如果牛奶中的含酸量超过 0.2%,pH 值为 6.6,即为有乳酸存在。把酸度小于 0.2%的牛奶称为新鲜牛奶;酸度大于 0.2%的牛奶称为不新鲜牛奶。牛奶酸度达到 0.3%时,饮用有一定的酸味,pH 值为 4.3。牛奶结块时的酸度为 0.6%。

牛奶的酸度有如下两种表示方法。

a.用 °T 表示牛奶酸度。

滴定 100 mL 牛奶样品,消耗的 0.1 N NaOH 溶液(N 为当量浓度,后同)的毫升数。工厂一般采用 10 mL 样品,而不用 100 mL。

b.用质量百分比表示牛奶酸度。

牛奶的酸度也可用乳酸的百分数来表示,与总酸度的计算方法一样,也可由滴定酸度直接换算成乳酸的百分数(1°T=0.09%乳酸)。

如果 10 mL 牛奶按 2:1 稀释加酚酞用 NaOH 溶液滴定,最后计算乳酸的百分数。计算公式如下:

$$乳酸的百分数 = \frac{N \times V \times 0.09}{10 \text{ mL} \times 比重} \times 100\%$$

式中：$N$——NaOH 标准溶液当量浓度(mol/L)；

$V$——NaOH 标准溶液消耗的总量(mL)；

比重用乳稠计测。

计算出的数据符合 1˚T＝0.09％乳酸。

### (二)有效酸度的测定

有效酸度的测定可通过测定食品中的 pH 值进行。pH 值的测定方法有很多,如电位法(pH 计法)、比色法及化学法等,常用的方法为电位法及比色法。

### (三)挥发酸度的测定

挥发酸度的测定一般采用水蒸馏法,可分为直接法、间接法。

挥发酸度测定的注意事项如下。

①蒸馏前,先将蒸汽发生器中的水煮沸 10 min,以排除其中的二氧化碳,并用蒸汽清洗整个装置。

②整个装置要密封好,切不可漏气。

③滴定前将馏出液加热至 60～65 ℃(能够起到加快反应速度、缩短滴定时间、减少溶液与空气的接触、提高测定精度的作用),可使终点明显。

**课堂讨论:测白酒中的总酸度、挥发酸度、有效酸度(学生讨论,教师补充)**

原理:白酒中的总酸度以中和法测定,挥发酸度用水蒸气蒸馏出馏液,以中和法滴定。总酸度与挥发酸度之差即为有效酸度。

①总酸度的测定:吸取 50 mL 白酒于锥形瓶中→加 100 mL 水→加 0.5％酚酞 2 滴→用 0.1 $N$ NaOH 溶液滴定至微红色。

$$总酸度(以乙酸计,g/100\ mL)=\frac{N\times V\times0.06\times100}{50}$$

②挥发酸度的测定:100 mL 白酒＋100 mL 水→蒸馏→接收 100 mL 馏液→取 25 mL 馏液→加 2 滴酚酞→用 0.1 $N$ NaOH 溶液滴定至微红色。

$$挥发酸度(以乙酸计,g/100\ mL)=\frac{N\times V\times0.06\times100}{25}$$

③有效酸度(以乙酸计,g/100 mL)＝总酸度－挥发酸度(以乳酸计)。

如果要测食醋中的挥发酸度(以乳酸计),上面测定白酒酸度的方法也适用。啤酒中的总酸度是指啤酒中各种酸度的总和,以标准碱液中和一定量的啤酒(100 mL)中的全部酸所消耗的体积表示。

啤酒中的酸类有少部分来源于原料大麦,称为原始酸度;大部分来自浸麦、发芽、糖化等各种工艺过程中的酶和酵母的作用,称为酵解酸度。

## 第四节　蛋白质与氨基酸的测定

蛋白质是食品的重要组成之一,也是重要的营养物质,食品的营养高低主要取决于蛋白质含量的高低。除了保证食品的营养价值,蛋白质在决定食品的色、香、味及结构等特征上也起着重要的作用。

### 一、概述

#### 1.蛋白质组成与分类

蛋白质是复杂的含氮有机化合物,它的溶液是典型的胶体分散体系。蛋白质是由两性氨基酸通过肽键结合在一起的大分子化合物,它主要含的元素是 C、H、O、N、S、P,另外还有一些微量元素,如 Fe、Zn、I、Cu、Mn。不同的蛋白质,其组成和结构不同,但从分析数据可以得到近似的蛋白质的元素组成百分比(见表 2-1)。

表 2-1　蛋白质的元素组成百分比

| 元素 | C | H | O | N | S | P |
|---|---|---|---|---|---|---|
| 百分比/(%) | 50 | 7 | 23 | 16 | 0～3 | 0～3 |

**2. 氨基酸的组成**

蛋白质是由氨基酸组成的高分子化合物,目前各种氨基酸已达 175 种,而构成蛋白质的氨基酸主要是其中的 20 种,氨基酸是由脂肪酸碳链上的氢原子被氨基置换得到的。

**3. 蛋白质变性**

蛋白质受热或进行其他处理时,它的物理和化学性质会发生变化,这个过程称为变性作用。发生变性作用后,蛋白质的许多性质发生了变化,溶解度降低,发生凝结,形成不可逆凝胶,—SH 暴露在分子表面。引起蛋白质变性的因素主要是高温、酸和碱、化学试剂、重金属盐等。

例如,蛋清在加热时凝固,瘦肉在烹调时收缩变硬等都是由蛋白质的热变性作用引起的。另外,蛋白质变性后,—SH 暴露在分子表面,煮热的牛奶和鸡蛋具有特殊的气味即与此有关。

在日常生活中,白衬衣穿脏后不能用热水洗涤,因为人体排出的汗水里含有蛋白质,如果用热水洗涤,蛋白质受热后变性,衣服就由白变黄了,所以应该先用冷水浸泡,再用热水洗涤。

## 二、各种食品中蛋白质的含量及其测定意义

**1. 各种食品中蛋白质的含量**

食品种类很多,其蛋白质含量分布是不均匀的。一般动物组织中的蛋白质含量高于植物组织,而且动物组织中肌肉、内脏部分的蛋白质含量高于其他部分,植物中以种子中的蛋白质含量较高,豆类的蛋白质含量最高,如黄豆的蛋白质含量为 40%。

**2. 蛋白质含量的测定意义**

①蛋白质是组成人体的重要成分之一,人体的一切细胞都由蛋白质组成。

②蛋白质维持体内酸碱平衡。

③蛋白质是食品的重要组成部分之一,也是重要的营养物质。

④蛋白质是评价食品质量高低的指标,还关系到人体健康。

为什么说蛋白质关系到人体健康?

如果膳食中蛋白质长期不足,人体将出现负氮平衡,也就是说每天体内排出的氮大于摄入的氮,这样会造成消化吸收不良,导致腹泻等。

对于一个体重为 65 kg 的人来说,若每天从体内排出氮 3.5 g(其中尿液排出 2.4 g,粪便 0.8 g,皮肤 0.3 g),一般蛋白质含氮比例为 16%,3.5 g 氮相当于 22 g 的蛋白质(3.5 g÷0.16=21.875 g,约 22 g),就是说每日至少通过膳食供给 22 g 蛋白质,才能达到氮平衡,即摄入体内的氮数量与排出的氮数量相等。所以说蛋白质对人体健康影响很大。

### 三、蛋白质含量和氮含量的换算系数

一般来说,蛋白质的平均含氮比例为 16%,所以在用凯氏定氮法计算蛋白质含量时,将测得的总氮量乘以蛋白质的换算系数($K=6.25$)即得该物质的蛋白质含量。但是我们必须要知道,当测定的样品的蛋白质含氮比例与 16% 相差较大时,采用 6.25 将会引起显著的偏差。

食品中含氮的比例因食品种类不同差别很大,我们在测定蛋白质含量时,应该是不同的食品采用不同的换算系数。一般手册上列出了一部分食品的换算系数,用时可查,如蛋为6.25,肉为 6.25,牛乳为 6.38,稻米为 5.95,大麦为 5.83,玉米为 6.25,小麦为 5.83,麸皮为6.31,面粉为 5.70。手册上查不到的样品可采用 6.25,一般在写报告时要注明采用的换算系数以何物代替。

对于用各种原料混合制成的食品,采用占总氮量比例高的原料的换算系数,对于一些组成成分不明确的食品可采用 6.25,在作报告时,一定要注明所用的换算系数。

近几年,国际组织认为 6.25 的换算系数太高,特别是对蛋品、肉品及鱼类、贝类等动物性食品,根据氨基酸组成总量计算的蛋白质含量比以 6.25 计算的蛋白质含量要低得多。目前这一观点还处于争论之中,但以后换算系数很有可能要比 6.25 小一些。

### 四、蛋白质的测定

蛋白质的测定方法分为两大类:一类是利用蛋白质的共性,即含氮量、肽链和折射率测定蛋白质含量;另一类是利用蛋白质中特定氨基酸残基、酸、碱性基团和芳香基团测定蛋白质含量。但是食品种类很多,食品中蛋白质含量又不同,特别是其他干扰成分,如碳水化合物、脂肪和维生素等有很多,因此蛋白质的测定通常利用经典的凯氏定氮法,即将样品消化成铵盐蒸馏,用标准酸液吸收,再用标准酸或碱液滴定,由样品中含氮量计算出蛋白质的含量。由于食品中蛋白质含量不同,凯氏定氮法又分为凯氏定氮常量法、半微量法和微量法,但它们的基本原理都是一样的。

(一)凯氏定氮法

**1. 原理**

食品中的蛋白质在催化加热条件下被分解,产生的氨与硫酸结合生成硫酸铵。碱化蒸馏使氨游离,用硼酸吸收后以硫酸或盐酸标准滴定溶液滴定,根据酸的消耗量计算氮含量,再乘以换算系数,即为蛋白质的含量。涉及到的反应式如下:

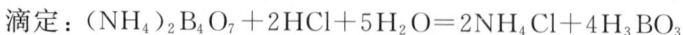

消化:$2NH_3 + H_2SO_4 + 2H^+ \rightarrow (NH_4)_2SO_4$

蒸馏:$(NH_4)_2SO_4 + 2NaOH \rightarrow 2NH_3 + 2H_2O + Na_2SO_4$

$2NH_3 + 4H_3BO_3 \rightarrow (NH_4)_2B_4O_7 + 5H_2O$

滴定:$(NH_4)_2B_4O_7 + 2HCl + 5H_2O = 2NH_4Cl + 4H_3BO_3$

**2. 试剂**

除非另有说明,本方法所用试剂均为分析纯,水为 GB/T 6682 规定的三级水。

硼酸溶液,氢氧化钠溶液,硫酸,盐酸标准滴定溶液,甲基红-溴甲酚绿混合指示剂。

**3. 仪器设备**

天平,定氮蒸馏装置,凯氏定氮瓶。

**4. 操作方法**

消化：称取充分混匀的固体试样 0.2～2 g、半固体试样 2～5 g 或液体试样 10～25 g（相当于 30～40 mg 氮），精确至 0.001 g，移入干燥的 100 mL、250 mL 或 500 mL 定氮瓶中，加入 0.4 g 硫酸铜、6 g 硫酸钾及 20 mL 硫酸，轻摇后于瓶口放一小漏斗，将瓶以 45°角斜支于有小孔的石棉网上。小心加热，待内容物全部碳化，泡沫完全停止后，加强火力，并保持瓶内液体微沸，至液体呈蓝绿色并澄清透明后，再继续加热 0.5～1 h。取下冷却，小心加入 20 mL 水，冷却后，移入 100 mL 容量瓶中，并用少量水洗定氮瓶，洗液并入容量瓶中，再加水至刻度，混匀备用。同时做试剂空白试验。

蒸馏：装好定氮蒸馏装置，向水蒸气发生器内装水至 2/3 处，加入数粒玻璃珠，加甲基红乙醇溶液数滴及数毫升硫酸，以保持水呈酸性，加热煮沸水蒸气发生器内的水并使其保持沸腾。向接受瓶内加入 10.0 mL 硼酸溶液及 1～2 滴 A 混合指示剂或 B 混合指示剂，并使冷凝管的下端插入液面下，根据试样中氮含量，准确吸取 2.0～10.0 mL 试样处理液，由小玻杯注入反应室，以 10 mL 水洗涤小玻杯并使之流入反应室内，随后塞紧棒状玻塞。将 10.0 mL 氢氧化钠溶液倒入小玻杯，提起玻塞使其缓缓流入反应室，立即将玻塞盖紧，并水封。夹紧螺旋夹，开始蒸馏。蒸馏 10 min 后移动蒸馏液接收瓶，液面离开冷凝管下端，再蒸馏 1 min。然后用少量水冲洗冷凝管下端外部，取下蒸馏液接收瓶。

滴定：尽快以硫酸或盐酸标准滴定溶液滴定至终点，终点颜色为灰蓝色；如用 B 混合指示剂，终点颜色为浅灰红色。同时做试剂空白试验。

**5. 结果处理**

$$\omega = \frac{c \times (V_1 - V_2) \times \dfrac{M}{1000}}{m} \times F \times 100\%$$

式中：$\omega$——蛋白质的质量分数；

　　　$c$——HCl 标准溶液的浓度；

　　　$V_1$——滴定样品吸收液时消耗盐酸标准溶液体积；

　　　$V_2$——滴定空白吸收液时消耗盐酸标准溶液体积；

　　　$m$——样品质量，g；

　　　$M$——氮的摩尔质量，14.01 g/mol；

　　　$F$——氮换算为蛋白质的系数。

**(二)分光光度法**

**1. 原理**

蛋白质及其降解产物的芳香环基，在紫外区内对某一波长具有一定的吸光度，在 280 nm 下，该吸光度与蛋白质浓度（3～8 mg/mL）成正比，因此，可通过测定蛋白质溶液的吸光度，并参照事先用凯氏定氮法分析的标准样品，从标准曲线上查出蛋白质的含量。

**2. 试剂**

0.1 mol/L 柠檬酸水溶液；8 mol/L 脲溶液，即脲的 2 N 氢氧化钠溶液；95% 乙醇；无水乙醚。

**3. 仪器**

751 型的紫外分光光度计；离心机。

### 4.操作方法

①标准曲线的绘制:准确称取样品 2.00 g,置于 50 mL 烧瓶中,加入 0.1 mol/L 柠檬酸水溶液 30 mL,搅拌 30 min 使其充分溶解,用四层纱布过滤于玻璃离心管中,以 3000～5000 r/min 的速度离心 10 min,分别吸取上清液 0.5 mL、1.0 mL、1.5 mL、2.0 mL、2.5 mL、3.0 mL 置于 6 个 10 mL 容量瓶中,每个容量瓶加入 8 mol/L 脲的氢氧化钠溶液并充分摇 2 min(如果已离心应再次离心),取透明液置于比色皿中,在 280 nm 下测定其吸光度(作参比值)。

以事先用凯氏定氮法测定的样品中蛋白质的含量为横坐标,吸光度为纵坐标,绘制标准曲线。

②样品测定。

准确称取试样 1.00 g→置于 50 mL 烧杯中→加 0.1 mol/L 柠檬酸溶液 30 mL→搅拌 10 min→通过四层纱布过滤到离心管中→用 8 mol/L 脲的 NaOH 溶液定容,摇匀后于 280 nm 下测吸光度,从标准曲线上查出蛋白质的含量。

③计算。

$$蛋白质的百分含量(\%)=\frac{C}{W}\times100\%$$

式中:$C$——从标准曲线上查得的蛋白质含量(mg);

$W$——测定时样品溶液相当于样品的质量(mg)。

注:

a.此法运用于糕点、牛乳和可溶性蛋白质样品测定时,应把样品表皮颜色去掉。

b.温度对蛋白质水解有影响,操作温度应控制在 20～30 ℃。

## 五、氨基酸总量的测定

蛋白质经水解或酶解可由大分子变成小的蛋白质分子,如水解后的产物胨、肽等,最后彻底水解成为氨基酸。氨基酸是构成蛋白质最基本的物质。

水解后的蛋白质和水解前的蛋白质在物理特性、化学结构以及被吸收消化的程度上是很不相同的,其差别与水解的程度有密切关系,分析氨基酸的含量就可以知道水解的程度,也就可以评价食品的营养价值。

氨基酸不是单纯的一种物质,用氨基酸分析仪可直接测定出 17 种氨基酸(仪器价格昂贵,不能普遍使用),有时很多种氨基酸可以同时存在于一种食品中,所以需要测定总的氨基酸量,它们不能以氨基酸百分率来表示,只能以氨基酸中所含的氮(氨基酸态氮)的百分率表示。当然,如果食品中只含有一种氨基酸,如味精中的谷氨酸,就可以由含氮量计算出氨基酸的含量。

在评价食品的营养价值时,除了要测定蛋白质的含量、氨基酸态氮含量,还需要对各种氨基酸进行分离、鉴定,尤其要对 8 种人体必需氨基酸进行定量、定性分析。

### (一)双指示剂甲醛滴定法

#### 1.原理

与单色滴定法相同,只是在此法中使用了两种指示剂。从分析结果看,双指示剂甲醛滴定法与亚硝酸氮气容量法(此法操作复杂,但准确,不做介绍)相近,单色滴定法稍偏低,主要因为单指示剂甲醛滴定法是以氨基酸溶液的 pH 值作为中性红的终点,pH 值为 7.0,从理论计算看,双色滴定法比单色滴定法准确。

**2. 试剂**

40％中性甲醛溶液[以百里酚酞作指示剂,将甲醛用 1 N NaOH 溶液中和(淡蓝色)];0.1％百里酚酞乙醇溶液;0.1 N NaOH 标准溶液;0.1％中性红乙醇(50％)溶液。

**3. 操作步骤**

取相同两份样品,分别置于 100 mL 三角瓶。一份加中性红乙醇溶液 2 滴,用 0.1 N NaOH 标准溶液滴定终点(由红色变为琥珀色),记录用量;另一份加百里酚酞乙醇溶液 3 滴,加中性甲醛溶液 20 mL,摇匀,用 0.1 N NaOH 标准溶液滴至淡蓝色。

**4. 计算**

$$氨基酸态氮百分比 = \frac{N \times (V_2 - V_1) \times 0.014 \times 100}{W} \times 100\%$$

式中:$V_1$——用中性红乙醇溶液为指示剂时碱液所消耗的体积(mL);

$V_2$——用百里酚酞乙醇液为指示剂时标液消耗量(mL);

0.014——氮的毫克当量浓度(g/mmol);

$W$——测定时样品溶液相当于样品的质量(g)。

注意事项:测定样品的颜色较深,应加活性炭脱色之后再滴定。

(二)茚三酮比色法

**1. 原理**

氨基酸在一定 pH 值范围内,能与茚三酮生成蓝紫色化合物。可以用比色法定量测定。

**2. 试剂**

①磷酸缓冲液(pH 值 8.04),制备方法如下:称磷酸二氢钾 4.5350 g,再称 $NaH_2PO_4 \cdot 12H_2O$ 11.9380 g,分别溶解定容 500 mL,取磷酸二氢钾溶液 10 mL 与磷酸氢二钠溶液 190 mL 混合,即为 pH 值 8.04 的缓冲液。

②2％茚三酮溶液:称茚三酮 1 g→溶于 35 mL 热水中→加入 40 mg 氯化亚锡($SnCl_2 \cdot H_2O$)搅拌过滤(作防腐剂)→于冷暗处过夜→定容 50 mL。

③氨基酸标液:称干燥氨基酸(如异亮氨酸)0.2000 g→溶解定容 100 mL→摇匀→吸取 10 mL 于另外 100 mL 容量瓶中定容 100 mL,即得 200 μg/mL 标液。

**3. 操作方法**

①绘制标准曲线。

取 7 个 25 mL 容量瓶,吸取标液 0.0 mL、0.5 mL、1.0 mL、1.5 mL、2.0 mL、2.5 mL、3.0 mL 置于这 7 个 25 mL 容量瓶中,加水补充至容积为 4 mL,然后加茚三酮和缓冲液各 1 mL,于水浴加热 15 min,冷却后定容 25 mL,静置 15 min,在 570 nm 下测消光值,绘制标准曲线。

②样品测定。

取样品 5.00～10.0 g(液体样 5～10 mL)→置于烧杯中→加 50 mL 水和活性炭约 5 g→加热过滤→用 30～40 mL 热水洗涤活性炭→吸澄清样液 1～4 mL→加茚三酮和缓冲液各 1 mL,水浴加热 15 min,冷却定容,静置 15 min 后 570 nm 下测定消光值。

③按下式计算氨基酸含量。

$$氨基酸含量(mg/100\ g) = \frac{C}{W \times 1000} \times 100$$

式中:$C$——从标准曲线上查得的氨基酸的量(μg);

$W$——测定时样品溶液相当于样品的质量(g)。

注意事项:茚三酮受阳光、温度、湿度、空气等的影响,易被氧化,呈淡红色或深红色,使用前要进行纯化,方法如下。取 10 g 茚三酮溶于 40 mL 热水中,加 1 g 活性炭,摇匀静置 30 min,过滤,将滤液放入冰箱中过滤,即出现蓝色结晶,过滤,用 2 mL 冷水洗涤结晶,置于干燥皿中干燥,装瓶备用。

# 第五节　碳水化合物的测定

碳水化合物是生物界三大物质(碳水化合物、蛋白质、脂肪)之一,是自然界最丰富的有机物质。碳水化合物主要存在于植物界,如谷类食物和水果、蔬菜的主要成分是 $CH_2O$。碳水化合物统称为糖类,包括单糖、低聚糖及多糖,是大多数食品的重要组成成分,也是人和动物体的重要能源。单糖、双糖和淀粉能被人体消化吸收,提供热能,而果胶、纤维素具有维持人体健康的重要作用。

## 一、概述

(一)碳水化合物的化学组成、分类和性质

### 1. 化学组成

碳水化合物是由 C、H、O 三种元素组成的一类多羟基醛或多羟基酮化合物,而且绝大多数情况下氢原子是氧原子数量的两倍,即氢与氧的数量比为 2∶1。它们的比例与水分的组成相同(水分子 $H_2O$),因此被人们称为碳水化合物。它们可用通式 $C_n(H_2O)_m$ 表示,好像碳的水化物。

但是笼统地将糖类称为碳水化合物是不太确切的。比如,我们熟悉的甲醛,它的分子式为 $CH_2O$,醋酸的分子式为 $C_2H_4O_2$,乳酸的分子式为 $C_3H_6O_3$,从它们的结构上可以看出,H 与 O 的数量比为 2∶1 的关系,按照这个比例,它们都应属于碳水化合物。但是以上几个物质都没有糖类的特性,所以它们不是碳水化合物。又比如,去氧核糖的分子式为 $C_5H_{10}O_4$,鼠李糖的分子式为 $C_6H_{12}O_5$,它们都属于糖类,但不符合上面的比例关系。因此称碳水化合物由 C、H、O 组成,通式为 $C_n(H_2O)_m$ 是不确切的,但是历史上一直沿用下来,而且人们也习惯了,所以至今仍然采用。

### 2. 分类

首先,我们可以按照有机化学将碳水化合物分成四类,分别为单糖、双糖、寡糖和多糖,这是根据其在稀酸溶液中的水解情况来分类的。

而现代营养工作者按碳水化合物为人体提供能量与否将其分为以下两大类。

①有效碳水化合物:对人体有营养(能够提供能量)的碳水化合物。

②无效碳水化合物:不能够提供能量,但又是维持人体正常功能所需的碳水化合物,其中包括膳食纤维。

膳食纤维:人们的消化系统或者消化系统中的酶不能消化、分解、吸收的物质,但是消化系统中的微生物能分解利用其中一部分。

对于膳食纤维,近年来人们研究得较多,因为它直接关系到人体健康。国外有很多食品厂在面包中加入一些膳食纤维(米糠、麸皮等),还有些食品厂将食品直接破碎,比如将小麦、玉米破碎后加工即可食。这样各种维生素没有被破坏,对身体有好处。

另外,考虑到粮谷碾磨加工精度,既要达到一定精白度,还要注意尽量减少维生素的损失,并注意保持膳食中有一定数量的纤维素。

在食物成分表中,食品中的碳水化合物含量通常以总碳水化合物或无氮抽出物来表示,二者都以减差法计算。何谓总碳水化合物?何谓无氮抽出物?具体可通过下列式子区分。

$$总碳水化合物(\%)=100\%-(水分+粗蛋白质+灰分+粗脂肪)\times100\%$$

$$无氮抽出物(\%)=100\%-(水分+粗蛋白质+灰分+粗脂肪+粗纤维素)\times100\%$$

**3. 性质**

对于糖的性质,这里仅就测定所需简单介绍几个,不分单糖、双糖。

①糖的显色反应。

单糖与浓盐酸或浓硫酸作用,脱去三分子水生成糖醛。

②还原性。

一些低分子糖具有还原性(蔗糖没有还原性,因为蔗糖没有半缩醛羟基)。

③旋光性。

在一定的条件下,可以测出各种糖类的旋光性。

$$[\alpha]_D^t=\frac{\alpha}{L \cdot c}$$

式中:$\alpha$——旋光度;

$c$——浓度;

$L$——液层厚度或旋光管长度;

$[\alpha]_D^t$——比旋光度。

(二)测定意义

①糖对于婴儿是最理想的能量来源。

②糖是烘焙食品的主要成分之一。

③糖在生理方面也起到重要作用。

## 二、糖类的提取和澄清

**1. 提取**

常用溶剂有水和乙醇,在提取糖类时,先将样品磨碎浸泡成溶液,有脂肪的样品用石油醚提取,去除其中的脂肪和叶绿素。

①水作提取剂。

用水作提取剂,温度应控制在 45~50 ℃。利用水作提取剂时,还会受到蛋白质、氨基酸、多糖、色素的干扰,影响过滤时间。所以用水作提取剂应注意以下三个问题。

a. 温度过高:可使可溶性淀粉及糊精提取出来。

b. 酸性样品:酸性使糖水解(转化),所以酸性样品用碳酸钙中和,但提取时应控制在中性。

c. 萃取的液体:有酶活性时,同样会使糖水解,加二氯化汞可防止(二氯化汞可抑制酶活性)。

②乙醇(水溶液)作提取液。

乙醇作提取液适用于含酶多的样品,可避免糖被水解。乙醇的浓度宜为 70%~80%,浓度过高,糖会溶解在乙醇中。用乙醇作提取液的目的是降低酶的作用,避免糖被酶水解。

**2. 澄清剂**

①作用:沉淀一些干扰物质,使提取液清亮透明,达到准确测量糖类的目的。

②对澄清剂的要求：

a.除干扰物质完全，不吸附被测物质；

b.澄清剂过量不影响糖的测量；

c.沉淀颗粒小，操作简便；

d.不改变糖类的比旋光度及理化性质。

③实验室常用的澄清剂。

a.中性醋酸铅：适用于植物性的萃取液，可除去蛋白质、丹宁、有机酸、果胶。

缺点：脱色力差，不能用于深色糖液的澄清，否则应加活性炭处理。

b.碱性醋酸铅：适用于深色的蔗糖溶液，可除色素、有机酸、蛋白质。

缺点：沉淀颗粒大，可带走果糖。

c.醋酸锌和亚铁氰化钾：适用于富含蛋白质的提取液，常用于沉淀蛋白质，对乳制品最理想。主要是生成的亚铁氰酸锌（白色沉淀）与蛋白质共同沉淀，所以常作为动物性样品的沉淀剂。

d.$Al(OH)_3$乳剂：辅助澄清剂。

e.$CuSO_4$-NaOH：这种澄清剂用于牛乳等样品。

④澄清剂的用量。

以上的澄清剂适用于中性硅酸铝、硅酸锌、亚铁氰化钾较少的情况。在一般操作时，澄清剂用量一定要恰当，用量太少，达不到澄清的目的，用量太多，则导致分析结果产生误差。不同的物质，因干扰物质种类和含量不同，所以添加量也不同。澄清剂过量，糖液中会出现$Zn^{2+}$、$Pb^{2+}$等。过量的$Pb^{2+}$还原糖（果糖）会生成铅糖，使测得的糖量降低。所以要加除铅剂，防止生成铅糖，降低糖的浓度。

常用的除铅剂包括$K_2C_2O_4$（草酸钾）、$Na_2C_2O_4$（草酸钠）、$Na_2HPO_4$（磷酸氢二钠）、$Na_2SO_4$（硫酸钠），使用时加少量固体即可。

## 三、碳水化合物的测定

### (一)还原糖的测定

还原糖包括葡萄糖、果糖、麦芽糖，葡萄糖分子中含有游离的醛基，果糖分子中含有游离的酮基，乳糖和麦芽糖中含有游离的半缩醛羟基，因此它们都有还原性，都是还原糖。在测定其他非还原性糖类时，如双糖、三糖、多糖等（常见的蔗糖、糊精等属此类），它们本身不具有还原性，但可以通过水解而形成具有还原性的单糖，再进行测定，然后换算成样品中相应糖类的含量。所以糖类的测定是以还原糖的测定为基础的。

还原糖的测定方法很多，最常用的是直接滴定法及高锰酸钾滴定法。

**1.直接滴定法**

(1)原理

样品经过处理，除去蛋白质等杂质后，加入盐酸，在加热条件下使蔗糖水解为还原性单糖，用直接滴定法测定水解后样品中的还原糖总量。

(2)方法

①取过量样品进行提取，放入250 mL容量瓶，加5 mL醋酸锌和5 mL亚铁氰化锌，定容，静止30 min后过滤，滤液备用。

②测定。

a.样品预滴定：

取费林氏甲、乙液各 5 mL 置于三角瓶中,加水 10 mL,玻璃珠数粒,加热至 2 min 内沸腾,趁热滴定,滴定到蓝色褪去,记录用量。

b.正式滴定：

取费林氏甲、乙液各 5 mL 置于三角瓶,加玻璃珠三粒,从滴定管直接加比预滴定时少 0.5～1.0 mL 的样液,加热至 2 min 内沸腾,趁热滴定,滴定到蓝色褪去,记录用量,取三次平均值计算结果。

**2.高锰酸钾滴定法**

(1)原理

还原糖在碱性溶液中使铜盐还原成氧化亚铜,在酸性条件下,氧化亚铜能使硫酸铁还原为硫酸亚铁,再用 $KMnO_4$ 溶液滴定硫酸亚铁,即可标出还原糖的量。

(2)操作方法

①样品处理。

a. 乳糖:包括乳制品以及含蛋白质的冷食类。

称样 2～5 g(液体样 25～50 mL)→置于 250 mL 容量瓶中→加水 50 mL→加费林氏甲液 10 mL＋1 N NaOH 溶液 4 mL→定容→静置 30 s→过滤→弃去初液→可测还原糖及蔗糖。

b. 低酒度饮料:各类汽酒等饮料。

先曝气除去 $CO_2$→取 100 mL→置于蒸发皿中→用 1 N NaOH 溶液中和→沸水浴蒸至原体积四分之一→转入 250 mL 容量瓶→加 50 mL 水→摇匀→(加费林氏甲液 10 mL→加 1 N NaOH 溶液 4 mL)→加水至刻度→静置 30 s→过滤。

c. 含大量淀粉的食品:婴儿食品、饼干、面包等。

称样 10～20 g→置于 250 mL 容量瓶中→加水 200 mL→45 ℃水浴加热 1 h→不停摇动→冷却后加水至刻度→静置→吸出清液 200 mL 置于另一容量瓶(250 mL)中→加费林氏甲液 10 mL＋1 N NaOH 溶液 4 mL→静置 30 s→过滤。

d. 汽水、果露。

处理 $CO_2$→吸样液 100 mL→置于 250 mL 容量瓶中→加水至刻度→可测还原糖及蔗糖。

②测定方法。

取 50 mL 处理过的样液→置于 400 mL 烧杯中→加费林氏甲、乙液各 25 mL→加热至 4 min 左右沸腾→再煮 2 min→趁热抽滤→用 60 ℃水洗烧杯和沉淀→直到洗液不呈碱性→将抽滤的纸(或者石棉)及 $Cu_2O$ 转入原来的烧杯→用 25 mL 硫酸铁溶液冲洗抽滤瓶→使冲洗液全部洗入原烧杯中→加水 25 mL→使 $Cu_2O$ 溶解→用 0.1 N $KMnO_4$ 标液滴定至微红色,同时用 50 mL 水按上述方法做空白实验。

③计算。

(3)注意事项

①煮沸后的溶液显红色不显蓝色,则表示糖量高,可减少取样体积。

②在洗涤 $Cu_2O$ 的整个过程中应使沉淀上层保持一层水层,以隔绝空气,避免 $Cu_2O$ 被空气中的氧所氧化。

③此法适用于各类食品中还原糖的测定,有色样液不受限制,准确度高,重现性好。其准确性和重现性都优于直接滴定法,但操作复杂、费时,需使用特制的高锰酸钾法糖类检索表。

(二)蔗糖的测定

**1. 原理**

样品除去蛋白质后,其中的蔗糖经盐酸水解转化为还原糖,用还原糖的测定方法确定样品中蔗糖的含量。

实际上测定的还原糖包括两部分:一是样品中原有的还原糖;二是蔗糖经酸水解后的还原糖。

**2. 方法**

吸取还原糖样品,处理稀释液 50 mL→置于 100 mL 容量瓶中→加水→于 68~70 ℃水浴上加热 15 min→冷却→加甲基红 2 滴→中和→定容→取此溶液按还原糖的测定方法测定。

**3. 计算**

$$蔗糖含量 = \frac{F \times \left(\frac{100}{V_2} - \frac{100}{V_1}\right)}{w \times \frac{50}{250} \times 1000} \times 100\% \times 0.95$$

式中:$F$——10 mL 费林试液相当于转化糖的质量(mg);

$V_1$——测定时消耗未经水解的样品稀释体积(mL);

$V_2$——测定时消耗经过水解的样品稀释体积(mL);

$w$——原测定还原糖时样品的质量(g);

1000——将克换算成毫克;

0.95——1 分子的蔗糖经水解后成为 2 分子的还原糖(1 分子的葡萄糖和 1 分子的果糖),蔗糖的分子量为 342,后来成为 2×180,则 342/360＝0.95,所以转化糖换算到蔗糖应乘以 0.95。

(三)总糖的测定

许多食品中含有多种糖类,包括具有还原性的葡萄糖、果糖、麦芽糖、乳糖等,以及非还原性的蔗糖、棉子糖等。这些糖有的来自原料;有的是因为生产需要而加入的;有的是在生产过程中形成的(如蔗糖水解为葡萄糖和果糖)。许多食品中通常只需测其含量,即所谓的"总糖"。食品中的总糖通常是指食品中存在的具有还原性的或在测定条件下能水解为还原性单糖的碳水化合物总量。

总糖含量是许多食品(如麦乳精、果蔬罐头、巧克力、软饮料等)的重要质量指标,是食品生产中常规的检验项目,总糖含量直接影响食品的质量及成本。所以,在食品分析中总糖的测定具有十分重要的意义。

总糖的测定通常以还原糖的测定方法为基础,常用的方法是直接滴定法,也可用蒽酮比色法。下面以直接滴定法为例进行介绍。

**1. 原理**

样品经处理,除去蛋白质等杂质后,加入稀盐酸,在加热条件下使蔗糖水解转化为还原糖,再以直接滴定法测定水解后样品中还原糖的总量。

**2. 测定方法**

①样品处理:同还原糖测定中的"直接滴定法"。

②测定:按测定蔗糖的方法水解样品,再按直接测定法测定还原糖的含量。

## 第六节 维生素的测定

维生素是调节人体各种新陈代谢过程必不可少的重要营养素。人体如从膳食中摄入维生素的量不足或者机体由于某种原因吸收或合成维生素遇到障碍时,就会引起各种维生素缺乏症。近几年已经查明仅有少数几种维生素可以在体内合成,大多数维生素都必须由食物供给。因此,维生素作为强化剂已在食品工业的某些产品中开始使用。测定食品中的维生素含量,不仅可评价食品的营养价值,还可监督维生素强化食品的剂量,以防人体摄入过多的维生素而引起中毒,所以,测定食品中的维生素在营养分析方面具有重要的意义。

维生素的种类繁多,而且这些有机物的结构也很复杂,有的属于胺类(如维生素 B1),有的属于醛类(如维生素 B6),有的属于醇类(如维生素 A),有一些属于酚或醌类化合物等。目前已发现的维生素有二三十种,按溶解性能可将它们分成两大类:一类是能溶在脂肪中的,叫脂溶性维生素(如维生素 A、维生素 D、维生素 E、维生素 K 等);另一类是能溶解在水中的,叫水溶性维生素(如维生素 B1、维生素 B2、维生素 B6、维生素 B12、维生素 C 等)。这两类中与我们关系最密切的维生素见表 2-2。

### 表 2-2 与人类关系密切的维生素

| 类别 | 种类 | 来源 | 性质 | 作用 | 测定方法 |
|---|---|---|---|---|---|
| 脂溶性 | 维生素 A | 维生素 A1—盐水鱼肝脏 维生素 A2—淡水鱼肝脏 | ①无氧状态下,耐热、耐碱,溶于脂肪,不溶于水 ②与三氯化锑反应,有特征吸收带 | 能促进人体发育,防止眼膜炎、夜盲症等 | 三氯化锑光度法 A1620 nm A2693 nm、697 nm |
| | 维生素 A 原 | 即胡萝卜素,存在于动植物体内,可转化为维生素 A | 同上 | | 纸色谱法 |
| | 维生素 D2～D5 | 来源于动物体内,鱼肝油中含量最多;维生素 D 原在紫外光照射下转变为维生素 D | ①溶于脂肪,不溶于水,耐酸碱,不易被氧化 ②不易排泄,仅由胆汁排出一部分,摄入不易过量 ③人工无法合成,必须经紫外光照射维生素 D 原得到 | 调节 Ca、P 代谢,维持其正常浓度;促进 Ca 的吸收,使骨骼、牙齿正常发育 | 三氯化锑光度法 A500 nm |
| | 维生素 E | 来源于动植物油,麦胚油、花生油、玉米油、棉籽油中含量较多 | ①溶于脂肪,耐酸、耐碱、耐热 ②易排出体外,故食用过量无毒 ③易被氧化,易被紫外线破坏 | 防止营养性贫血;抗衰老 | 高效液相色谱 $C_{18}$ 反相柱,紫外检测器 |
| | 维生素 K | 绿色蔬菜、猪肝、蛋黄 | ①溶于脂肪 ②耐热,但易被光分解 ③维生素 K1、维生素 K2 无毒,维生素 K3 有副作用 | 促进血液凝固;新生儿需补充,成年人日常饮食即可满足需要 | |

| 类别 | 种类 | 来源 | 性质 | 作用 | 测定方法 |
|---|---|---|---|---|---|
| 水溶性 | 维生素 B1 | 来源广泛,但含量均不高,酵母中含量最多,其次是五谷的胚芽和皮层 | 酸性环境下不稳定,中性、碱性环境下易氧化,碱性环境下不耐热,烹调时损失不严重 | 参与糖的代谢分解;促进幼年体的发育 | 荧光法 激发波长 365 nm 发射波长 435 nm |
| | 维生素 B2 | 分布广 | 对光、碱不稳定,对酸稳定;水溶液呈黄绿色荧光 | 促代谢、促发育 | 荧光法 激发波长 440 nm 发射波长 525 nm |
| | 维生素 B5 | 分布广 | 性质稳定;有显色反应 | 促代谢、维持神经组织健康 | |
| | 维生素 B6 | 分布广 | 酸性环境、空气中稳定;碱性环境、见光不稳定 | 促代谢、维持神经组织健康 | |
| | 维生素 B12 | 肝脏中含量最多,植物中不含 | 性质较稳定 | 参与代谢 | |
| | 维生素 C | 水果(橙类、番茄)、蔬菜(辣椒) | ①溶于水,不耐热,易氧化,在酸性溶液中比在碱性溶液中稳定 ②除人和少数动物外,其他动物均可自身合成 | ①促进各种支持组织和细胞间黏合物的形成(预防坏血病) ②对生物氧化有重要作用 ③对某些代谢有促进作用 | ①荧光法 激发波长 338 nm 发射波长 420 nm ②2,6-二硝基苯肼光度法 ③碘量法 |

## 第七节 脂肪的测定

### 一、概述

脂类是油、脂肪、类脂的总称。食物中的油脂主要是油和脂肪,一般把常温下是液体的称作油,而把常温下是固体的称作脂肪。脂肪所含的化学元素主要是 C、H、O,部分还含有 N、P 等元素。脂肪是由甘油和脂肪酸组成的甘油三酯,其中甘油的分子比较简单,而脂肪酸的种类和碳链长短却不相同。脂肪酸分三大类:饱和脂肪酸、单不饱和脂肪酸、多不饱和脂肪酸。脂肪在多数有机溶剂中溶解,但不溶解于水。脂肪的性质和特点主要取决于脂肪酸,不同食物中的脂肪所含有的脂肪酸种类和含量不一样。自然界有 40 多种脂肪酸,因此可形成多种脂肪酸甘油三酯。脂肪酸一般由 4 个到 24 个碳原子组成。

（一）脂肪的分类

脂肪在人体内分为中性脂肪和类脂。

①中性脂肪,即甘油三酯,是猪油、花生油、豆油、菜籽油、芝麻油的主要成分。

②类脂包括磷脂,如卵磷脂、脑磷脂、肌醇磷脂;糖脂,如脑苷脂类、神经节苷脂;脂蛋白,如乳糜微粒、极低密度脂蛋白、低密度脂蛋白、高密度脂蛋白;类固醇,如胆固醇、麦角甾醇、皮质甾醇、胆酸、维生素 D、雄激素、雌激素、孕激素。

在自然界中,最丰富的是混合的甘油三酯,在食物中占脂肪的 98%,在身体中占 28% 以上。所有的细胞都含有磷脂,它是细胞膜和血液中的结构物,在脑、神经、肝中含量特别高,卵磷脂是膳食和体内最丰富的磷脂之一。四种脂蛋白是血液中脂类的主要运输工具。

（二）脂肪的生物功能

①生物体内储存能量的物质并供给能量。1 g 脂肪在体内分解成二氧化碳和水并产生 38 kJ(9 kcal)能量,比 1 g 蛋白质或 1 g 碳水化合物产生的能量高一倍多。

②构成一些重要生理物质。脂肪是生命的物质基础,是人体内的三大组成部分(蛋白质、脂肪、碳水化合物)之一。磷脂、糖脂和胆固醇构成细胞膜的类脂层,胆固醇又是合成胆汁酸、维生素 D3 和类固醇激素的原料。

③维持体温和保护内脏、缓冲外界压力。皮下脂肪可防止体温过多向外散失,减少身体热量散失,维持体温恒定;也可阻止外界热能传导到体内,有维持正常体温的作用。内脏器官周围的脂肪垫有缓冲外力冲击、保护内脏的作用。脂肪还可减少内部器官之间的摩擦。

④提供必需脂肪酸。

⑤脂溶性维生素的重要来源。鱼肝油和奶油富含维生素 A、D,许多植物油富含维生素 E。脂肪能促进人体对这些脂溶性维生素的吸收。

⑥增加饱腹感。脂肪在胃肠道内停留时间长,所以有增加饱腹感的作用。

### 二、脂肪的测定方法

（一）索氏抽提法

**1. 原理**

样品用无水乙醚或石油醚等溶剂抽提后,蒸去溶剂所得的物质,在食品分析上称为脂肪或粗脂肪。因为其除脂肪外,还含色素及挥发油、蜡、树脂等物。抽提法所测得的脂肪为游离脂肪。

**2. 试剂**

无水乙醚或石油醚;海砂。

**3. 仪器**

索氏提取器。

**4. 操作方法**

①样品处理。

固体样品:精密称取 2～5 g(可取测定水分后的样品),必要时拌以海砂,全部移入滤纸筒内。

液体或半固体样品:称取 5.0～10.0 g,置于蒸发皿中,加入海砂约 20 g 于沸水浴上蒸干后,再于 95～105 ℃下干燥,研细,全部移入滤纸筒内。蒸发皿及附有样品的玻棒,均用蘸有乙醚的脱脂棉擦净,并将棉花放入滤纸筒内。

②抽提。

将滤纸筒放入脂肪抽提器的抽提筒内,连接已干燥至恒量的接收瓶,由抽提器冷凝管上端加入无水乙醚或石油醚至瓶内容积的 2/3 处,于水浴上加热,使乙醚或石油醚不断回流提取,一般抽取 6～12 h。

③称量。

取下接收瓶,回收乙醚或石油醚,待接收瓶内乙醚剩 1～2 mL 时在水浴上蒸干,再于 95～105 ℃下干燥 2 h,放干燥器内冷却 0.5 h 后称量。

④计算。

$$X = \frac{m_1 - m_0}{m_2} \times 100\%$$

式中:$X$——样品中脂肪的含量(%);

　　$m_1$——接收瓶和脂肪的质量(g);

　　$m_0$——接收瓶的质量(g);

　　$m_2$——样品的质量(如是测定水分后的样品,按测定水分前的质量计(g))。

(二)酸水解法

**1. 原理**

样品经酸水解后用乙醚提取,除去溶剂即得游离及结合脂肪总量。

**2. 试剂**

盐酸;95%乙醇;乙醚;石油醚。

**3. 仪器**

100 mL 具塞刻度量筒。

**4. 操作方法**

①样品处理。

固体样品:精密称取约 2 g,置于 50 mL 大试管内,加 8 mL 水,混匀后再加 10 mL 盐酸。

液体样品:称取 10.0 g,置于 50 mL 大试管内,加 10 mL 盐酸。

②将试管放入 70～80 ℃水浴中,每隔 5～10 min 以玻璃棒搅拌一次,至样品消化完全为止,时间为 40～50 min。

③取出试管,加入 10 mL 乙醇,混合。冷却后将混合物移于 100 mL 具塞量筒中,以 25 mL 乙醚分次洗试管,一并倒入量筒中。待乙醚全部倒入量筒后,加塞振摇 1 min,小心开塞,放出气体,再塞好,静置 12 min,小心开塞,并用石油醚-乙醚等量混合液冲洗塞及筒口附着的脂肪。静置 10～20 min,待上部液体清晰,吸出上清液于已恒量的锥形瓶内,再加 5 mL 乙醚于具塞量筒内,振摇,静置后,仍将上层乙醚吸出,放入原锥形瓶内。将锥形瓶置水浴上蒸干,置 95～105 ℃烘箱中干燥 2 h,取出放干燥器内冷却 0.5 h 后称量。

（三）盖勃法

吸取 10 mL 硫酸(90%),注入盖勃氏乳脂汁内,用 11 mL 的特别牛乳吸管吸取牛乳样品至刻度并注入乳脂汁内,再加入 1 mL 异戊醇,塞紧橡皮塞,充分摇动,使牛乳凝块溶解。将乳脂汁放入 65～700 ℃的水浴锅中加热 5 min,再以 1000 r/min 旋转 5 min 后,置于 65～70 ℃水浴锅中;5 min 后取出擦干,脂肪柱上刻度处的凹形面底缘读数,即为脂肪的百分数。

（四）苏丹红Ⅲ鉴定法

①把材料用切片机切成 1 mm 厚的小薄片,并移至洁净的载玻片上。

②用滴管滴加 2～3 滴苏丹红Ⅲ染液,染色 2～3 min 后用吸水纸吸去染液并滴加 1～2 滴 50%的酒精,洗去浮色后再吸去酒精。

③滴加 1～2 滴蒸馏水后盖上盖玻片在显微镜下观察。

④橘黄色的小颗粒即为脂肪。

# 第二部分　面粉品质测定相关国标

①《小麦粉》(GB/T 1355—2021)。

②《食品安全国家标准 食品中水分的测定》(GB 5009.3—2016)。

③《食品安全国家标准 食品中灰分的测定》(GB 5009.4—2016)。

④《粮油检验 一般规则》(GB/T 5490—2010)。

⑤《粮食、油料检验 扦样、分样法》(GB/T 5491—1985)。

⑥《粮油检验 粮食、油料的色泽、气味、口味鉴定》(GB/T 5492—2008)。

⑦《粮油检验 粮食、油料脂肪酸值测定》(GB/T 5510—2011)。

⑧《谷物碾磨制品 脂肪酸值的测定》(GB/T 15684—2015)。

⑨《粮油检验 小麦粉灰分含量测定 近红外法》(GB/T 24872—2010)。

⑩《粮食包装 小麦粉袋》(GB/T 24905—2010)。

⑪《食品安全国家标准 食品中蛋白质的测定》(GB 5009.5—2016)。

⑫《食品安全国家标准 食品中脂肪的测定》(GB 5009.6—2016)。

⑬《食品安全国家标准 食品中淀粉的测定》(GB 5009.9—2023)。

# 项目三　火腿肠中亚硝酸钠的测定

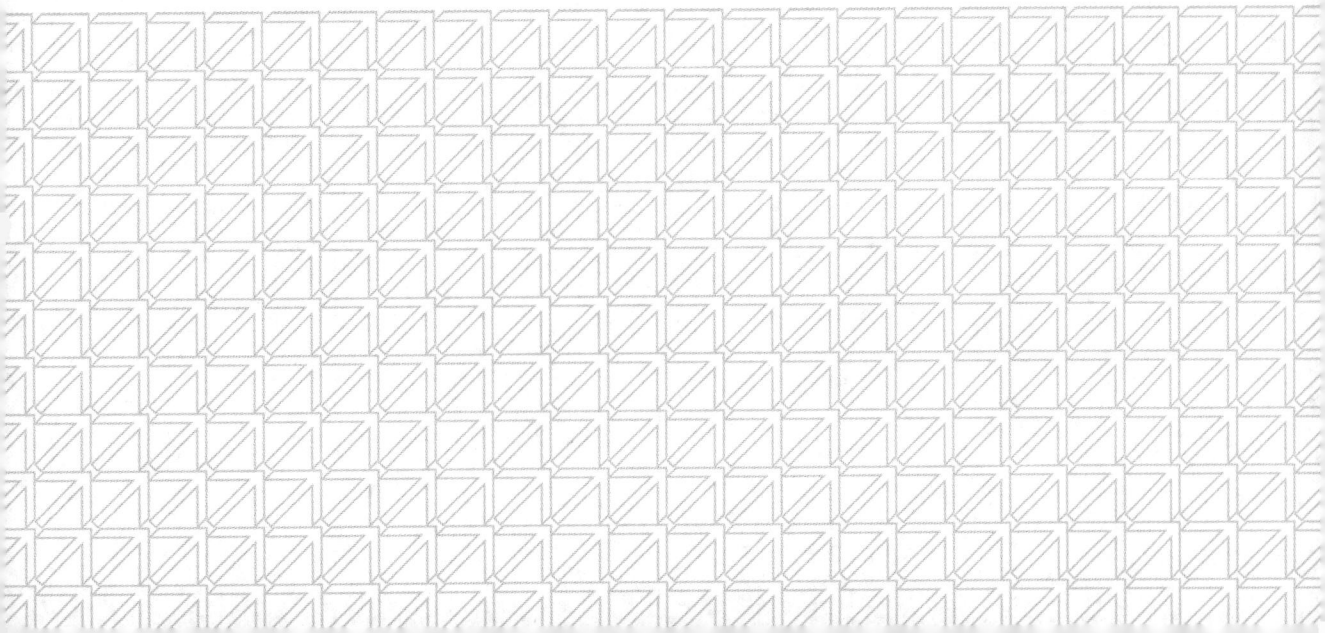

# 模块一  工作任务书

## 一、项目基本情况

| 工作任务名称 | 项目三  火腿肠中亚硝酸钠的测定 | | |
|---|---|---|---|
| 工作时间 | 16课时 | 工作小组及成员名单 | |
| 指导教师 | 石昕 | 工作地点 | 企业现场、青职检测公司接样室 |
| 工作任务描述 | 青职检测有限公司接受客户委托,分别对某品牌火腿肠进行检测。 | | |
| | 任务要求:<br>1.通过网络检索设计一份采样记录单,并正确填写采样记录单;<br>2.设计并正确填写样品交接单;<br>3.查找以下检测任务的国标:<br>(1)火腿肠感官检验;<br>(2)火腿肠水分的检测;<br>(3)火腿肠食盐的检测;<br>(4)火腿肠蛋白质的检测;<br>(5)火腿肠淀粉的检测;<br>(6)火腿肠脂肪的检测;<br>(7)火腿肠亚硝酸盐的检测;<br>(8)火腿肠微生物指标的检测。<br>4.根据现有实验室条件制定火腿肠中亚硝酸盐含量的检测方案;<br>5.实施火腿肠质量的检测;<br>6.完成检测报告。 | | |
| 能力目标 | 1.了解采样过程中与企业相关人员的现场交流技巧;<br>2.进一步熟悉不同种类食品采样的基本要求;<br>3.规范填写采样记录单;<br>4.了解采样组与客服组如何完成样品交接;<br>5.能够熟练地查阅文献,确定检测方案;<br>6.能够通过小组协作顺利完成检测;<br>7.能够出具完整的检测报告。 | | |

## 二、资讯内容

| 序号 | 自主查阅资料或学习内容 | 资料来源 |
|---|---|---|
| | | |
| | | |

续表

| 序号 | 自主查阅资料或学习内容 | 资料来源 |
|------|------------------------|----------|
|      |                        |          |
|      |                        |          |
|      |                        |          |

### 三、工作心得

1. 本项目完成过程中你最感兴趣的是什么？

2. 完成本项目你最大的收获是什么？

3. 下一个项目中，你打算在哪些方面作重点改进？

4. 完成本项目过程中，你遇到了哪些障碍？你又采取了哪些措施解决障碍？

# 模块二　检测报告模板

报告编号：

# 检测报告

样　品　名　称：＿＿＿＿＿＿＿＿＿＿＿＿＿＿＿＿＿＿

委　托　单　位：＿＿＿＿＿＿＿＿＿＿＿＿＿＿＿＿＿＿

检　验　小　组：＿＿＿＿＿＿＿＿＿＿＿＿＿＿＿＿＿＿

检　验　组　长：＿＿＿＿＿＿＿＿＿＿＿＿＿＿＿＿＿＿

检　验　组　员：＿＿＿＿＿＿＿＿＿＿＿＿＿＿＿＿＿＿

＿＿＿＿＿＿＿＿＿＿＿＿＿＿＿＿＿＿

青岛职业技术学院

20＿＿＿年＿＿＿月＿＿＿日

# 注意事项

九、报告无"检测报告专用章"或者检验单位公章无效。

十、复制报告未重新加盖"检测报告专用章"或者检验单位公章无效。

十一、报告无主检、审核、批准人签字作无效处理。

十二、报告涂改无效。

十三、对检测报告若有异议,应于收到报告之日起十五日内向检测单位提出,逾期不予受理。

十四、一般情况下,委托检验只对来样负责。

十五、未经检测小组组长许可,不得随意更改。

十六、解释权归检测中心所有。

地址:

电话:

邮政编码:

# 检验报告

| 产品名称 | | 型号规格 | |
|---|---|---|---|
| | | 商标 | |
| 制造商 | | 样品外观 | |
| 采样日期 | | 检验日期 | |
| 检验依据 | | | |
| 检验项目 | | | |
| 检验结论 | | | |
| | | 签发日期：　　年　　月　　　日 | |
| 备注 | | | |
| 检测员 | | | |
| | | 日期： | |
| 审核：　　　　　　　　　　　复审： | | | |

## 检验项目及检测结果（可根据需要加页）

| 项目编号 | 检测项目 | 标准编号 | 具体内容及过程 | 检测结果 |
| --- | --- | --- | --- | --- |
| 1 | | | | |
| 2 | | | | |

# 模块三　知识乐园

## 第一部分　食品添加剂及其检测

### 第一节　概述

#### 一、食品添加剂的定义和分类

**1. 定义**

在食品生产、加工或保存过程中,添加到食物中期望达到某种目的的物质称为食品添加剂。食品添加剂是在食品生产、加工或贮存过程中,添加进去的天然或化学合成的物质,对食品的色、香、味或质量起到一定的促进作用,本身不作为食用目的,也不一定具有营养价值,它并不包括残留的农药、污染物和营养强化剂。

**2. 分类**

食品添加剂的种类很多,按其来源可分为天然食品添加剂和化学合成添加剂。

天然食品添加剂是利用动物与植物组织或分泌物及以微生物的代谢产物为原料,经过提取、加工所得到的物质。如辣椒红色素、番茄红素等是从植物中提取出来的。

化学合成添加剂是通过一系列化学手段所得到的有机或无机物质,或多或少都有毒性,在剂量上应该严格控制。

添加剂按不同用途可分为很多种类:

①防腐剂(苯甲酸、苯甲酸钠、山梨酸、山梨酸钠),饮料、果浆中使用;

②抗氧化剂(BHA、BHT、PG 等);

③发色剂(亚硝酸盐、硝酸盐),腌肉用;

④漂白剂(如蘑菇罐头,一般加工时会产生氧化褐变反应,所以用亚硫酸盐浸泡,生产粉条也是如此,如 $SO_2$ 等,制出白色产品);

⑤增稠剂(如淀粉、糖浆等);

⑥甜味剂(如糖精钠、糖精等,不产生能量的木糖醇等);

⑦着色剂(食用染料、色素),常在饮料及糖果里加入;

⑧调味剂(味精,各种香精单体等)。

以上添加剂大部分都是化学合成的,它们是通过氧化、还原、缩合、聚合等合成反应制得的,有的具有毒性,所以对于添加剂的含量多少与规格、剂量都要进行分析、标定。目前推广使用的天然添加剂有维生素 C、淀粉、糖浆、红曲等天然色素。

#### 二、测定意义

①合成添加剂具有毒性,个别合成添加剂在食品中会起变态反应,应对添加剂的剂量加以限制,保障人民身体健康。

②通过检测能保证食品的卫生质量。

### 三、食品添加剂的要求

对于食品添加剂的要求首先是无毒无害和有营养价值,其次才是色、香、味、形态。另外对于添加剂的使用剂量,各国都有建议用量,可查手册获得。

### 四、食品添加剂测定的项目与方法

添加剂品种繁多,所以它们的测定方法也很多,测定时和其他分析项目一样,首先需要将分析物质从复杂的混合物中分离出来,再进行测定。

## 第二节　防腐剂的测定

防腐剂是一种能够抑制食品中微生物生长和繁殖的化学物质。如果按照国家规定的数量使用,不仅可以防止食品生霉,而且可以防止食品变质或腐败,并能延长保存时间,对食用者也不会引起什么危害。因此,对防腐剂的使用必须控制一定的使用量,而且应具备以下特点:

①凡加入食品中的防腐剂,首先是对人体无毒、无害、无副作用的;

②长期食用添加防腐剂的食品,不应该使机体组织产生任何的病变,更不能影响第二代发育、生长;

③防腐剂的加入,对食品的质量不能有任何影响;

④食品加入防腐剂之后,不能掩蔽劣质食品的质量或改变任何感官性状。

我国允许使用的防腐剂有苯甲酸及其钠盐、山梨酸及其钾盐、对羟基苯甲酸乙酯及丙酯等。其中前两种应用广泛。

苯甲酸及其盐类使用范围:酱油、醋、果汁类、果酱类、葡萄糖、罐头,最大使用剂量 1 g/kg;汽酒、汽水、低盐酱菜、面酱类、蜜饯类、山楂糕、果味露,每千克最多使用 0.5 g。

山梨酸及其盐类在酱油、醋、果酱类中,每千克最多允许使用 1 g;低盐酱菜类、面酱类、蜜饯类等最大使用剂量为 0.5 g/kg。

苯甲酸随食品进入体内时与甘氨酸结合成马尿酸,以尿液排出体外,不再刺激肾脏;山梨酸进入机体后参与新陈代谢,最后生成 $CO_2$ 和 $H_2O$,被排出体外。由于山梨酸及其盐类价格较贵,一般不常用,多数用在出口食品中。

苯甲酸又名安息香酸,为白色有丝光的鳞片或针状结晶,熔点 122 ℃,沸点 249.2 ℃,100 ℃开始升华。在酸性条件下可随水蒸气蒸馏,微溶于水,易溶于氯仿、丙酮、乙醇、乙醚等有机溶剂,化学性质较稳定。

苯甲酸钠易溶于水和乙醇,难溶于有机溶剂,与酸作用生成苯甲酸。

山梨酸为无色、无臭的针状结晶,熔点 134 ℃,沸点 228 ℃。山梨酸难溶于水,易溶于乙醇、乙醚、氯仿等有机溶剂,在酸性条件下可随水蒸气蒸馏,化学性质稳定。

山梨酸钾易溶于水,难溶于有机溶剂,与酸作用生成山梨酸。

苯甲酸与山梨酸两种防腐剂主要用于酸性食品的防腐。

### 一、苯甲酸及其盐类的测定

苯甲酸及其盐类的测定方法包括中和法(碱滴定法)、紫外分光光度法、薄层层析法、气相色谱法、高压液相色谱法。

(一)中和法

**1. 原理**

在弱酸条件中,用乙醚将样品中的苯甲酸提取出来,将乙醚挥发后,用中性酒精或醇醚混合物溶解内容物,用酚酞作指示剂,采用 0.1 N 标准 NaOH 溶液滴定至终点,然后根据氢氧化钠消耗的体积计算苯甲酸或苯甲酸钠的含量。

**2. 样品的处理**

(1)固体或半固体样品(各种果酱)

称取 100 g 样品→置于 500 mL 容量瓶中→加 200 mL 水→加纯品 NaCl 直到不溶解为止(降低苯甲酸在水中溶解度)→用 10% NaOH 溶液调为碱性(这时苯甲酸生成苯甲酸钠,并以苯甲酸钠状态存在)→用饱和 NaCl 溶液定容 500 mL→静置 2 h→过滤→弃去初液→收集滤液。

(2)含酒精样品(各种碳酸饮料等)

取 250 mL 试样→置于烧杯中→加 10% NaOH 溶液使之呈碱性→置水浴蒸发至 100 mL(除去 $C_2H_5OH$)→移入 250 mL 容量瓶→加 30 gNaCl 溶解→用饱和 NaCl 溶液定容→放置 2 h→过滤→收集滤液。

(3)含多类脂肪样品

置于上述制备好的滤液中→加 NaOH 溶液使之呈碱性→加 50 mL 乙醚提取→静置分层→弃去醚层→溶液供测定用。

**3. 操作方法**

吸取滤液 100 mL→置于 500 mL 分液漏斗中→加 5 mL 1∶1 HCl 溶液酸化→用 150 mL 乙醚分三次提取→振荡(每次振荡不能太激烈以防乳化)→合并醚层→连接蒸馏装置→回收乙醚(50 ℃水浴)→用 10 mL 中性乙醇＋10 mL 水溶解残渣→加 2 滴酚酞→用 0.1 N NaOH 溶液滴至呈微红色(同时要求做空白实验)。

采用此方法测苯甲酸及其盐类最大缺点是:样品中有其他有机酸时,乙醚萃取时易带过来,所以此法测定误差较大。

(二)紫外分光光度法

**1. 原理**

样品中苯甲酸在酸性溶液中可以用水蒸气蒸馏的方法蒸馏出来,与样品中不挥发性成分分离,然后用强酸氧化,使苯甲酸以外的其他有机物氧化分解,氧化后的溶液再次蒸馏,蒸馏液中除苯甲酸外的其他杂质基本都被分解了。根据苯甲酸的吸收波长,在 225 nm 下测定消光值。

**2. 操作方法**

样品中加 1 mL 磷酸经水蒸气蒸馏,得到的馏液主要是苯甲酸,还有其他酸性物质,再加入 0.2 N 的 $K_2Cr_2O_7$ 溶液和 4 N 的 $H_2SO_4$ 溶液,将其他酸性物质氧化,再经过蒸馏,得到无杂物的苯甲酸,在 225 nm 下测定。

苯甲酸用紫外分光光度仪测定的原因是甲酸同苯形成 p-π 共轭体系。

(三)薄层层析法

原理:样品经过酸化后,用乙醚提取苯甲酸,然后将样品浓缩,浓缩后点样于聚酰胺薄层板上,经展开、显色后,根据比移值与标准液比较定性,并进行定量。

(四)气相色谱法

原理:用乙醚提取后,采用氢火焰离子检测器进行分离测定,然后与标准液比较定量。

(五)高压液相色谱法

原理:样品处理后,注入高效液相色谱仪中,利用被测组分在固定相和移动相中分配系数的不同,使被测组分分离,用紫外检测器在特定波长下测定被测组分的吸光度,与标准液比较定性和定量。

## 二、山梨酸及其盐的测定

山梨酸及其盐的测定方法包括比色法(硫代巴比妥酸比色法)、紫外分光光度法、薄层层析法、气相色谱法、高效液相色谱法。

此处主要介绍硫代巴比妥酸比色法。

**1. 原理**

样品中的山梨酸在酸性溶液中,用水蒸气蒸馏出来,然后用 $K_2Cr_2O_7$ 氧化成丙二醛和其他产物,丙二醛与硫代巴比妥酸反应,生成红色物质,颜色的深浅与山梨酸含量成正比。

**2. 操作方法**

(1)样品制备

称取 100 g 左右的样品→加蒸馏水 250 mL→在高速捣碎机上打浆→定容 500 mL→过滤→收集滤液。

(2)山梨酸的提取

准确吸取两份滤液各 20 mL→分别放入两个 250 mL 蒸馏瓶中→一个瓶加 1 mL 磷酸、无水硫酸钠 20 g、水 70 mL、玻璃珠 3 粒→另一瓶加 1 N NaOH 溶液 5 mL、无水硫酸钠 20 g、水 70 mL、玻璃珠 3 粒→蒸馏→分别用装有 10 mL 0.1 N NaOH 溶液的 100 mL 容量瓶接收馏液→当馏液收集到 80 mL 时停止蒸馏,用少量水洗涤冷凝管→定容→分别吸 10 mL 溶液→分别置于两个 100 mL 容量瓶中→用 0.01 N NaOH 溶液定容→供样液、空白液测定用。

(3)测定

准确吸取样液、空白液 2 mL→置于 25 mL 比色管中→加水 3 mL→加 2 mL($K_2Cr_2O_7$+硫酸)混合液→在 100 ℃水浴 5 min→加 0.5%硫代巴比妥酸 2 mL→沸水浴加热 7 min→冷却→定容→于 1 cm 比色杯在 530 nm 处比色。

## 第三节    甜味剂——糖精钠的测定

糖精及其钠盐是使用较广的甜味剂之一。糖精的化学学名是邻磺酰苯甲酰亚胺,分子式为 $C_7H_5NO_3S$。其外观为白色结晶或粉状,无臭或微有酸性芳香气,在水中溶解度极小,味极甜。糖精钠进入人体后不分解,不供给热能,无营养价值,随尿排至体外。

测定糖精钠的方法较多,有薄层色谱法、纳氏比色法、硫代二苯胺比色法及紫外分光光度法等,下面简要介绍其中两种测定方法。

## 一、紫外分光光度法

**1. 原理**

样品经处理后,在酸性条件下用乙醚提取食品中的糖精钠,经薄层分离后,溶于碳酸氢钠溶液中,于波长 270 nm 处测定吸光度,与标准液比较定量。

**2. 试剂与仪器**

①2％碳酸氢钠溶液。

②4％氢氧化钠溶液。

③6 mol/L HCl 溶液。

④乙醚(不含过氧化物)。

⑤10％硫酸铜。

⑥无水硫酸钠。

⑦0.02 mol/L 氢氧化钠。

⑧硅胶 $GF_{254}$。

⑨聚酰胺,200 目。

⑩糖精钠标准溶液。

⑪展开剂:苯-乙酸乙酯-乙酸(12∶7∶3),硅胶薄层用。

⑫展开剂:正丁醇-浓氨水-无水乙醇(7∶1∶2),聚酰胺薄层用。

⑬显色剂:0.04％溴甲酚紫的 50％乙醇溶液,用 0.1 mol/L 氢氧化钠溶液调至 pH 值为 8。

⑭紫外分光光度计。

⑮薄层板 10 cm×20 cm。

⑯展开槽。

⑰微量注射器。

**3. 测定方法**

(1)样品提取

①饮料、冰棍、汽水类:取 10 mL 均样置于 100 mL 分液漏斗中,加 2 mL 6 mol/L 盐酸,用 30 mL、20 mL、20 mL 乙醚提取三次。合并乙醚提取液,用 5 mL 盐酸酸化的水洗涤一次,以洗去水溶性杂质,弃去水层。乙醚层通过无水硫酸钠脱水后,挥发干乙醚。加 20 mL 乙醇溶解残渣,密封保存,备用。

②酱油、果汁、果酱、乳等:称取 20.0 g 或吸取 20.0 mL 均样置于 100 mL 容量瓶中,加水至约 60 mL,加 20 mL 10％硫酸铜溶液,混匀,再滴加 4.4 mL 4％氢氧化钠溶液,加水至刻度,混匀。静置 30 min 后过滤,取滤液 50 mL 置于 150 mL 分液漏斗中,以下同①中后续操作。

③固体果汁粉等:先称取 20.0 g 磨碎的均样,置于 200 mL 容量瓶中,加 100 mL 水,加温使其溶解,冷却后再按上述方法进行提取。

④糕点、饼干等蛋白质、脂肪含量高的样品:均应采用透析法处理,使分子量较小的糖精钠渗入溶液中,以消除蛋白质、淀粉、脂肪等的干扰。

称取捣碎、混匀的样品 25.0 g 置透析玻璃纸内,置于大小合适的烧杯中。加 50 mL

0.02 mol/L氢氧化钠溶液于透析膜内,充分混合,使样品呈糊状,将玻璃纸口扎紧,放入盛有200 mL 0.02 mol/L氢氧化钠的烧杯中,盖上表面皿,透析过夜。

量取125 mL透析液(相当于12.5 g样品),加约0.4 mL 6 mol/L盐酸,使透析液呈中性,加20 mL 10%硫酸铜混匀,加4.4 mL 4%氢氧化钠,混匀,静置30 min,过滤。取120 mL滤液置于250 mL分液漏斗中,以下同①中后续操作。

(2)薄层板制备

薄层板可以是硅胶$GF_{254}$或聚酰胺薄层板,使用时选用其中一种。

①硅胶$GF_{254}$薄层板:称取1.4 g硅胶$GF_{254}$,加4.5 mL 0.5%CMC-Na溶液于小研钵中研磨均匀,倒在玻璃板上,涂成0.25～0.30 mm厚的薄层板,稍干后,在110 ℃下活化1 h,取出后置于干燥器内备用。

②聚酰胺薄层板:称取1.6 g聚酰胺,加0.4 g可溶性淀粉,加约15 mL水,研磨3～5 min,使其均匀即涂成0.25～0.30 mm厚的10 cm×20 cm薄层板,室温下干燥,在80 ℃烘箱中干燥1 h,置于干燥器内备用。

(3)点样

在薄层板下端2 cm处中间,用微量注射器点样,将200～400 μL样液点成一横条状,于横条的右端1.5 cm处点10 μL糖精钠标准溶液(精密称取0.0851 g经120 ℃干燥4 h后的糖精钠,加乙醇溶解,移入100 mL容量瓶中,加95%乙醇稀释至刻度),使其成为一个小圆点。

(4)展开

将点好的薄层板放入盛有展开剂的展开槽中,展开剂液层约0.5 cm,并预先已达到饱和状态。展开至10 cm,取出薄层板,挥发干。硅胶$GF_{254}$板可直接在波长254 nm紫外线灯下观察糖精钠的荧光条状斑。把斑点连同硅胶$GF_{254}$或聚酰胺刮入小烧杯中,同时刮一块与样品条状大小相同的空白薄层板,置于另一烧杯中做对照,各加5.0 mL 2%碳酸氢钠,于50 ℃水浴中加热助溶,移入10 mL离心管中,离心分离(3000 r/min)20 min,取上清液备用。

(5)标准曲线绘制

吸取0.0 mL、2.0 mL、4.0 mL、6.0 mL、8.0 mL、10.0 mL糖精钠标准液(精密称取0.0851 g经120 ℃干燥4 h后的糖精钠,置于100 mL容量瓶中,加2%碳酸氢钠溶解,并稀释至刻度),分别置于100 mL容量瓶中,各以2%碳酸氢钠溶液定容,于270 nm波长处测定吸光度,绘制标准曲线。

(6)样品测定

将经薄层分离的样品离心液及试剂空白液于270 nm处测定吸光度,从标准曲线上查出相应浓度。结果计算如下:

$$糖精钠(g/kg 或 g/L) = \frac{(C_1 - C_0) \times V_1 \times V_3}{W \times V_2}$$

式中:$C_1$——测定用样液中糖精钠含量(mg/mL);

$C_0$——空白液中糖精钠含量(mg/mL);

$V_1$——溶解样品残留物加入乙醇的体积(mL);

$V_2$——点样用样品乙醇溶液的体积(mL);

$V_3$——溶解刮下的糖精钠时所用2%碳酸氢钠溶液体积(mL);

$W$——样品残留物相当的原样品质量(g 或 mL)。

**4. 注意事项**

①样品提取时加入 $CuSO_4$ 及 $NaOH$,用于沉淀蛋白质,防止用乙醚萃取发生乳化,其用量可根据样品情况按比例增减。

②样品处理液酸化的目的是使糖精钠转化成糖精,以便用乙醚提取,因为糖精易溶于乙醚,而糖精钠难溶于乙醚。

③富含脂肪的样品,为防止用乙醚萃取糖精时发生乳化,可先在碱性条件下用乙醚萃取脂肪,然后酸化,再用乙醚提取糖精。

④对含二氧化碳的饮料,应除去二氧化碳,否则将影响样液的体积。

⑤聚酰胺薄层板的烘干温度不能高于 80 ℃,否则聚酰胺会变色。

⑥在薄层板上的点样量,应估计其中的糖精含量为 0.1~0.5 mg。

## 二、纳氏比色法

**1. 原理**

糖精钠在酸性溶液中经有机溶剂萃取,经过消化变成铵盐,与纳氏试剂作用生成一种黄色物质,根据颜色的深浅与标准比较定量,反应式如下:

$$2K_2[HgI_4]+4KOH+NH_4^+ \rightarrow NH_2Hg_2OI+7KI+3H_2O+K^+$$

**2. 试剂**

①硫酸溶液($V/V$)。

②纳氏试剂。

③硫酸铵标准溶液。

**3. 操作方法**

①样品中糖精钠的提取:

a. 含有二氧化碳的液体样品;

b. 含有酒精的液体样品;

c. 乳及乳制品;

d. 含蛋白质、脂肪、淀粉的样品。

②样品消化及分析。

③标准曲线的绘制:准确吸取标准硫酸铵溶液 0.0 mL、0.2 mL、0.4 mL、0.6 mL、0.8 mL、1.0 mL,分别置于 25 mL 纳氏比色管中,各加 15 mL 无氨蒸馏水,再加纳氏试剂 5 mL,加水至刻度摇匀。静置 10 min,以 2 cm 比色杯置分光光度计 430 nm 处测定吸光度,根据结果绘制标准曲线。

**4. 注意事项**

①测定溶液中凡能引起浑浊的物质,均可用酒石酸钾钠掩蔽。

②样品经消化后,及时进行测定。

③样品酸化处理的目的是将糖精钠转化为糖精,以便用乙醚提取。

④对富含脂肪的样品,可先在碱性条件下用乙醚萃取脂肪,然后酸化,再用乙醚提取糖精。

## 第四节　发色剂——硝酸盐和亚硝酸盐的测定

在食品加工过程中,经常使用一些化学物质与食品中的某些成分作用,以使产品呈现良好的色泽,这些物质称为发色剂。常用的发色剂是硝酸盐和亚硝酸盐。

亚硝酸盐是一种防腐剂,能抑制微生物的生长,常用作肉类制品的发色剂,肉类制品由于使用亚硝酸盐而呈红色。

发色剂在食品中的作用:①发色;②抑菌;③产生风味。

### 一、盐酸萘乙二胺法

**1.原理**

亚硝酸盐在弱酸性溶液中与对氨基苯磺酸起重氮化反应,生成重氮化合物,再与盐酸萘乙二胺偶联成紫红色的重氮染料。生成的颜色深浅与亚硝酸根含量成正比,可以比色测定(540 nm 下测定)。

此反应也可用 $\alpha$-萘胺,但 $\alpha$-萘胺毒性很强,其致癌性大于盐酸萘乙二胺。

**2.样品处理**

(1)肉制品

原样→捣碎→取均样加入硼砂溶液→沸水浴 15 min→加 $ZnSO_4$(沉淀蛋白质)→定容→撇去脂肪层→过滤(弃去不溶物)→滤液待测。

(2)果蔬类样品

因为果蔬类蛋白质含量少,所以操作时不用加蛋白质沉淀剂。

均样＋水→捣碎→加果蔬提取剂(50 g $BaCl_2$＋$CdCl_2$→加 1000 mL 重蒸馏水,用浓盐酸调节 pH 值为 1)→振荡 1 h→用 2.5 N NaOH 溶液调节至中性→定容→过滤→滤液应无色透明。

(3)样品测定

吸取 40 mL 样液→置于 50 mL 比色管中→按标准曲线操作→在 538 nm 下测定→从标准曲线上查样品的含量。

**3.标准曲线绘制**

取 50 mL 带塞比色管九支,分别吸取 0.0 mL、0.2 mL、0.4 mL、0.6 mL、0.8 mL、1.0 mL、1.5 mL、2.0 mL、2.5 mL 亚硝酸钠溶液,加入 2 mL 对氨基苯磺酸溶液,混匀,静置 4 min 后各加入 1 mL 盐酸萘乙二胺溶液,加水至刻度 50 mL,混匀,静置 15 min,用比色皿,以零管调节零点,于波长 538 nm 处测吸光度,绘制标准曲线。

**4.注意事项**

饱和硼砂溶液的作用有两点:①作为亚硝酸盐的提取剂;②作为蛋白质的沉淀剂。

### 二、其他方法简介

常用离子选择性电极法测定硝酸盐。这种方法测试下的亚硝酸含量占硝酸含量的 30%～40%,不影响硝酸盐的测定,如超过这一比例范围,可加入一定量硝酸盐标准溶液,以提高硝酸盐水平。溶液有颜色或浑浊不影响测定。

## 第五节　漂白剂的测定

在食品的加工生产中,为了使食品保持特有的色泽,常加入漂白剂,依靠其所具有的氧化或还原能力来抑制,破坏食品的变色因子,使食品褪色或免于发生褐变反应。一般在食品的加工过程中要求漂白剂除对食品的色泽有一定作用外,对食品的品质、营养价值及保存期均不应有不良的影响。

漂白剂按作用机理分为两类:①还原型漂白剂($SO_2$、亚硫酸钠、亚硫酸氢钠、焦亚硫酸钠等);②氧化型漂白剂($H_2O_2$、次氯酸等)。

测定还原型漂白剂的方法有:①盐酸副玫瑰苯胺比色法(国标法);②滴定法(中和法);③碘量法;④极谱法;⑤高效液相色谱法。

测定氧化型漂白剂的方法有:①滴定法;②比色定量法;③高效液相色谱法;④极谱法。

漂白剂可单一使用,也可混合使用。随着进出口贸易的不断扩大,外国食品不断进入我国市场,日本近几年正使用一种混合漂白剂,各组成成分含量如下:次亚硝酸钠70%、亚硫酸氢钠14%、无水焦磷酸3%、聚磷酸钠8%、偏磷酸钠3%、无水碳酸钠2%。这种混合漂白剂比上述任一单独漂白剂效果稳定,同时可防止食品变色及褪色。

我国国家标准规定:饼干、食糖、粉丝、粉条残留 $SO_2$ 含量不得超过 50 mg/kg;蘑菇罐头、竹笋、葡萄酒等不得超过 25 mg/kg。$SO_2$ 本身没有营养价值,如果使用量过大,对人体的健康会带来一定的影响。当溶液中 $SO_2$ 的含量为 0.5%～1% 时,即产生毒性,一方面产生腐蚀作用,另一方面会破坏血液凝结作用并生成血红素,导致神经系统发生麻痹现象。

此处只介绍还原型 $SO_2$ 的测定。对于还原型 $SO_2$ 的测定,目前多数采用对品红比色法。

## 一、酸漂副品红比色法-对品红比色法(盐酸副玫瑰苯胺比色法)

对品红比色法在国内用得较多,这种方法的关键是把样品中的 $SO_2$ 提取出来,常用四氯汞钠作为萃取液(主要是为了避免 $SO_2$ 的损失)。

### 1. 原理

盐酸副玫瑰苯胺比色法的原理可用如下四个反应式表示。

$$HgCl_2 + 2NaCl \rightarrow Na_2HgCl_4(吸收液)$$
$$Na_2HgCl_4 + SO_2 + H_2O \rightarrow [HgCl_2SO_3]^{2-} + 2H^+ + 2NaCl$$
$$[HgCl_2SO_3]^{2-} + HCHO + 2H^+ \rightarrow HgCl_2 + HOCH_2 \cdot SO_3H$$
$$3HOCH_2 \cdot SO_3H + 酸漂副品红 \rightarrow 聚玫瑰红甲基磺酸(紫红色络合物)$$

吸收液用氯化汞与氯化钠作用生成四氯汞钠,当样品中的 $SO_2$ 与吸收液作用之后,生成一种稳定的络合物(可防止 $SO_2$ 的损失),这种络合物与甲醛及盐酸副玫瑰苯胺作用生成紫红色络合物,颜色的深浅与 $SO_2$ 浓度成正比,可在 580 nm 下比色测定。

### 2. 操作步骤

(1)样品处理

①水溶性固体样品的处理(各种罐头类样品)。

称取捣碎均匀样 10 g→加少量水溶解后转移到 100 mL 容量瓶中→加 0.5 N NaOH 溶液 4 mL→摇匀→加 0.5 N $H_2SO_4$ 溶液 4 mL→加 $Na_2HgCl_4$ 溶液 20 mL→定容 100 mL→过滤备用。

②淀粉类样品的处理(粉条、粉皮等)。

称取粉碎均匀样 10 g→加少量水溶解转移到 100 mL 容量瓶中→加 $Na_2HgCl_4$ 溶液 20 mL→浸泡 4 h 以上(若上层液不澄清,要加入亚铁氰化钾及乙酸锌溶液各 2.5 mL)→用水定容→过滤备用。

③液体样品处理。

吸取样液 10 mL→置于 100 mL 容量瓶中→加 $Na_2HgCl_4$ 溶液 20 mL→定容→过滤备用。

（2）标准曲线的绘制

取 6 个 25 mL 比色管，按表 3-1 配制样品溶液。

表 3-1 样品溶液的配制

| | 1 | 2 | 3 | 4 | 5 | 6 |
|---|---|---|---|---|---|---|
| 二氧化硫标准液（2 μg/mL）/mL | 0.0 | 1.0 | 2.0 | 3.0 | 4.0 | 5.0 |
| 0.2%甲醛/mL | 1 | 1 | 1 | 1 | 1 | 1 |
| 显色剂/mL | 1 | 1 | 1 | 1 | 1 | 1 |
| 吸收液/mL | 10 | 9 | 8 | 7 | 6 | 5 |

样品溶液配制完成后，采取如下操作步骤：定容→静置 15 min→于 580 nm 处测定→绘制标准曲线。

（3）样品分析

吸取滤液 5 mL→置于比色管中→加吸收液 5 mL→加 0.2%甲醛 1 mL→显色剂 1 mL→混匀→定容静置 15 min→于 580 nm 测定→从标准曲线上查相应的 $SO_2$ 含量。

**3. 注意事项**

①此反应的最佳反应温度为 20～25 ℃，温度越低，灵敏度也越低，所以标准系列管和样品在相同温度下显色。

②反应温度如果为 15～16 ℃，静置时间需延长为 20 min。

③盐酸副玫瑰苯胺比色法中的盐酸用量对显色有影响，盐酸加入量多，显色浅；加入量少，显色深，所以配制试剂时一定要按标准进行。

④甲醛浓度为 0.15%～0.25% 时，颜色稳定，所以应选择 0.2% 甲醛溶液。

⑤测定样品颜色较深的样品，可用 10% 活性炭脱色。

⑥样品加入 $Na_2HgCl_4$ 吸收液于 100 mL 容量瓶中加水至刻度，摇匀，此液在 24 h 内很稳定，于 4 ℃下可使用一周。

⑦此法采用的 $HgCl_2$ 毒性很强，故实验时应注意安全。近几年有科技资料记录采用 EDTA（乙二胺四乙酸）试剂代替四氯汞钠，但此实验没有被证实过。

以上讲了 $SO_2$ 的测定原理、方法及注意事项。对于 $SO_2$ 的测定，目前国外不采用四氯汞钠吸收液，而是采用通气法测定，下面做个简单介绍。

日本采用的分析方法操作步骤如下：

样品→酸化 $H^+$→通气（空气和氯气）→加热→双层冷凝管（可排除有机酸与挥发酸的干扰）→$SO_2$→通过吸收液 $H_2O_2$→$H_2SO_3$→氧化→$H_2SO_3$→①中和法测定；②重量法测定。

美国采用的分析方法操作步骤如下：

样品→酸化→蒸馏→$SO_2$→通过吸收液 $H_2O_2$→$H_2SO_3$→氧化→$H_2SO_3$→①中和法测

定;②重量法测定。

日本采用双层冷凝管可排除有机酸和挥发性物的干扰,我国有的科研单位也采用通气法测 $SO_2$,操作比较简单,但无法排除挥发性气体与有机物的干扰,误差较大,所以我国采用比色法测定 $SO_2$ 的残留量,而美国采用酸化蒸馏后用中和法测 $SO_2$,与下面提到的中和滴定法一样。

## 二、中和滴定法

原理:亚硫酸盐在酸性条件下加热,蒸出二氧化硫,然后用双氧水溶液吸收并氧化成硫酸,再用标准碱溶液滴定至终点(橄榄色),然后根据消耗碱液计算出样品中 $SO_2$ 的含量。

比色法中四氯汞钠有毒性,我国为什么不采用中和滴定法作为国标? 这主要是因为中和滴定法的样品处理过程较麻烦,而且要通入氮气,条件比较苛刻,所以采用比色法作为国标,且比色法准确度也较高。

## 第六节　食用合成色素的测定

天然食品及食品原料多数本身具有特有的色泽和香味,人们在长期的生活习惯中也认识了各种食品应有的色泽,色泽已经成为食品的一个重要感官指标。然而,食品在保存及加工过程中,其色泽往往会有不同程度的变化,为了改善食品的色泽,使食品尽可能恢复原来的颜色,除采取一定护色措施外,往往还得添加一定量的食用色素,对食品进行着色。

食用色素就来源不同可分成两大类:天然色素和合成色素。

天然色素的优点:①其色素是从一些动物、植物组织中提取出来的;②安全性高。

天然色素的缺点:①稳定性差(对光、热、酸、碱等条件敏感);②着色能力差;③难以调出任意的色泽;④资源短缺,不能满足食品工业的需求;⑤价格昂贵。

合成色素的优点:①资源十分丰富(来自煤焦油及其副产品);②稳定性好、色泽鲜艳、着色力强、能调出任意颜色;③价格低廉;④应用广泛。

合成色素的缺点:①毒性较大(因为属于合成色素,所以毒性大,有的甚至致癌);②食用剂量加以限制。

合成色素的测定步骤如下:样品前处理→提纯→分离→鉴别(何种色素)→定量(此色素含量是否超标)。

①前处理方法。前处理不外乎采用将样品打浆或者将着色部分用刀刮下,定容、吸附、解吸等方法。

②提纯的方法。

a.羊毛染色法。此法应用较广泛,主要是步骤简单,材料容易获取,操作也方便。其缺点为:要在热的酸性条件下吸附色素,用氨溶液解吸色素时,往往色素起变化;当溶液中含量低时(色素含量低),吸附色素不完全,回收率低。

b.聚酰胺粉法。此法可用于分离两种以上的色素,是目前比较理想的方法,因为食品中大多数使用拼色。聚酰胺粉在酸性溶液中能与人工合成色素牢固地结合,并能在很稀的溶液中吸附色素,但对天然色素的吸附不紧密,能被甲醇-甲酸洗脱。

c.离子交换法。

d.分子筛分离法。

③分离方法。

目前常用的分离方法包括滤纸层析法、薄层层析法、柱层析法、电泳法。

④色素鉴定方法：

a.采用纸层析法进行定性(与标准样进行对照)；

b.采用薄层层析、比色的方法进行定量。

在食品中添加色素,经常是由两种以上的色素配合而成的拼色,对色素的测定,应先处理、提纯,然后把每一种色素分离,再对每一种色素进行定量。

目前,食品行业使用单一色素的情况已经比较少见,大多数使用复合色素方可达到比较满意的色泽,因而给分析工作者带来一定的困难。合成色素的测定方法主要有薄层层析法和高效液相色谱法。以下以薄层层析法(聚酰胺粉法)为例进行介绍。

**1. 原理**

聚酰胺在酸性条件下与水溶性酸性染料结合,而与天然色素、蛋白质、脂肪、淀粉等物质分离,然后在碱性条件下解吸色素。用薄层层析法进行分离鉴别,与标准液比较定性、定量(纸层析进行定性,薄层层析进行定量)。

**2. 操作步骤**

食品形态是千变万化的,色素的添加方式亦是各种各样的,有的是拼色加入,有的是食品的表层加几个色素点,有的是覆盖一层色素,有的是用色素和鸡蛋,很形象地做成传说中的故事、动物、花卉以及写上"丰收""延年益寿""节日愉快""生日快乐"等文字附在食品最显眼的地方,属于这类食品的有中式糕点、西式糕点,还有饮料、小零食等。样品不同,处理方法就不一样。

(1)样品表面色素的测定

对生日蛋糕、节日寿糕一类食品,首先将代表性的样品整体称重,记录重量,然后分别取下相同着色部分,进行提取和分离,不要将部分着色样品和整个或大部分不着色样品混在一起。这样会导致分离困难,而且增加分离误差,使结果偏差大,例如一块蛋糕重 500 g,取下色素部分经测定是 50 mg,表示 500 g 蛋糕的色素含量即万分之一。

(2)样品外表皮色素的测定

如儿童食品中的糖豆、朱古力豆、红心果等样品,只需将外表皮色素用少量的水溶解(在用水溶解之前,先称重量并记录),并定容一定体积(将没有色素的样品弃去),供检验用,其计算与上面一样。

(3)非酒精性饮料中色素的测定(各种汽水、橘子汁等)

①吸附。

吸 50 mL 样品→置于烧杯中→在电炉上加热至沸腾→不断搅拌去除二氧化碳→加 1 g 聚酰胺粉(60 ℃活化 1 h)→充分搅拌→使色素完全被聚酰胺粉吸附→用布氏漏斗过滤→用 20 mL 80 ℃热水洗沉淀物→用甲醇-甲酸(6:4)20 mL 再洗沉淀物(去除天然色素)→直到滤下来的溶液无色→再用 150 mL 80℃热水分次洗沉淀物。

②解吸。

在不抽滤条件下,将 9:1 乙醇氨液加在沉淀物中,使吸附在聚酰胺粉上的色素全部解脱下来,收集于蒸发器中,待水浴中溶液到 5 mL 左右,加 3 滴 20%柠檬酸溶液(使色素稳定),定容 10 mL,供薄层点样用。

③注意事项。

样品在加入聚酰胺粉之前,要用20%的柠檬酸调节pH值至4(聚酰胺粉末在弱酸性溶液中对色素的吸附力强,吸附亦完全)。

如果样品不含天然色素,去除二氧化碳后直接加聚酰胺吸附。

(4)对各种糖果色素的测定

①样品处理。

a.硬糖(不含蛋白质、淀粉)粉碎→称样3 g→加50 mL水溶解→再加30%柠檬酸3滴调节pH值至4。

b.软糖(含高淀粉果饴)除外层冰糖屑→切碎→加50 mL热水溶解→用20%柠檬酸调节pH值至4→加淀粉酶1 mL(消化淀粉)→90 ℃水浴15 min→溶液中出现沉淀物直到变清。

c.奶糖→加9∶1乙醇氨溶液溶解→用1∶10 $H_2SO_4$调节pH值→加1%钨酸钠使蛋白质沉淀,奶脂凝集沉淀→用布氏漏斗抽滤。

②吸附色素。

1 g聚酰胺粉+糖液→70 ℃水浴→搅拌使之充分吸附→用布氏漏斗抽滤→用80 ℃水洗漏斗上的沉淀物→再用丙酮洗(除油脂,硬糖不必)→再用80 ℃水洗沉淀物→洗到滤水的pH值与原水相同。

③解吸色素。

沉淀物用乙醇氨解吸液全部解吸→收集于蒸发皿中→水浴溶液到4 mL→加20%柠檬酸3滴→用水定容10 mL→留作点样用(单一色素直接比色,拼色要分离,先定性后定量)。

(5)肉和肉制品中色素的测定

①前处理。

称处理样→加海砂3 g和20 mL丙酮→置于研钵中一起研磨→除去脂肪和水分→除去丙酮。

②吸附样液中的色素。

称1 g聚酰胺粉+上面的滤液→搅拌→抽滤→用水洗漏斗中沉淀物→直到滤水的pH值与原水相等。

③解吸样液中的色素。

将上面的沉淀物放入布氏漏斗→用解吸液解吸肉蛋白中的色素→加热到70 ℃→用1∶10 $H_2SO_4$调节pH值,再加1 mL 10%钨酸钠→使蛋白质全部凝聚沉淀→用布氏漏斗抽滤→用20 mL 70 ℃水洗漏斗→收集全部滤液。

(6)果脯类色素的测定

①处理。

取样研碎后称2 g→加50 mL水→加热70 ℃使其溶解。

②吸附。

吸附剂1 g+上述液→抽滤→用70 ℃热水洗沉淀物。

③去除天然色素。

用甲醇-甲酸(6∶4)混合液解吸天然色素→直到滤液无色为止→再加甲醇10 mL进一步去除天然色素→70 ℃热水洗,不断搅拌。

④解吸。

用解吸液解吸样品沉淀物中全部人工合成色素→溶液解吸液(甲醇、氨)直到无甲醇、氨时→用 1∶10 $H_2SO_4$ 调节 pH 值至 4→再按上述吸附操作重复 1～2 次,把天然色素全部去除为止,最后解吸、定容。

(7)各种加工蔬菜中色素的测定

这一类色素的测定按理论应该以蜜饯色素测定的操作来处理,但在实验中这些样品胶体过多,使解吸、过滤等操作非常困难,所以我们应该按下述方法进行:取样 20 g(干菜 2 g),加入 100 mL 80%的乙醇溶液,浸泡 2 h,再以含有 1%氨水的 70%乙醇反复浸出,合并浸出液,直到色素全部被洗脱,置于 70～80 ℃水浴上,将全部浸出液浓缩,待氨全部逸出去(没有氨味),调节 pH 值至 4,加 1 g 聚酰胺吸附,然后用布氏漏斗过滤,以 200 mL 70～80 ℃水洗涤漏斗的聚酰胺粉,然后用甲醇-甲酸洗脱天然色素。

(8)提纯色素溶液的纸层析定性

为了判断样品中存在几种色素以及分别是什么色素,必须采用纸层析进行鉴定。

经浓缩后样品色素溶液→于中速层析滤纸上点样→点样量 3～5 μL(若样品含量低可取出 1 mL 溶液,将其浓缩至 0.2 mL 再点样)→点样点的直径应不超过 2 mm→点样线距底边 2 cm→样点间以及左右纸边各距 2 cm→用展开剂展开→测量各色素点的 $R_f$ 值→与标准色素 $R_f$ 值对照→确定何种色素(以标准色素斑点 $R_f$ 值衡量样品各色素斑点的 $R_f$ 值是否与标准值相符,色素的颜色是否完全一致,就可确定样品色素属于何种色素)。

$$R_f(比移值)=斑点移动距离/溶剂前沿距离$$

所使用的展开剂有:

①正丁醇∶无水乙醇∶1%氨水＝6∶2∶3。

②正丁醇∶吡啶∶1%氨水＝6∶3∶4。

③异丁醇∶无水乙醇∶水＝3∶2∶2。

(9)提纯色素溶液的薄层分离和定量

经过纸层析定性之后,含有一种色素的样液定容、离心后即可定量;含有两种以上的复合色素的样品溶液,需要经过薄层分离为单色素后,再用比色法分别定量,测定出各种色素的含量。

具体步骤如下:薄层板制备→点样层析→比色定量→标准曲线绘制→计算含量。

①薄层板制备。

取聚酰胺粉 1 g 置于研钵中→加 15 mL 75%甲酸→搅拌,使聚酰胺全部溶解→加 7.5 g 硅胶 G→研磨 1 min→立即涂板(玻璃板要求光滑平整,先用水洗净,干燥后用酒精擦拭干净,涂板时可用涂布器或手工玻璃棒涂布)→可涂 15 cm×10 cm 玻璃板三块(厚度为 0.25～0.3 mm)→玻璃板放入盛有少量水的大玻璃缸中→盖好盖子→使玻璃板中的甲酸由缸底的水吸取→放 2～3 h→取出玻璃板→于空气中风干→置于 60～65 ℃烘箱 30 min→放入干燥器中备用。

②点样层析。

用点样管(毛细管、微量注射器)将浓缩并定容的样液点在薄层板上→基线距底边 2 cm→点成与底边平行的条状→两端距底边各为 2 cm,点样量一般为 0.4 mL→点样时要用电吹风机边点边吹干→然后进行层析。

　　展层缸先用溶剂系流 30 min→再把点好样的薄层板放入展层缸用上行法展开→薄板下端浸入溶液 0.5～1 cm→大约 1 h 待色素已明显分开后即可取出薄板→晾干。

　　对溶剂系流的选择是:a.分离胭脂红、苋菜红、赤藓红、柠檬黄、橘黄、靛蓝等用的展开剂为正丁醇∶吡啶∶5%氨水＝6∶6∶4(这种展开剂主要分离靛蓝,因为靛蓝上升很快,其他色素上升很慢);b.分离柠檬黄、胭脂红、苋菜红、柠檬黄、橘黄等用的展开剂为 2.5%柠檬酸钠∶氨水＝4∶3(柠檬黄上升很快,其他色素上升很慢);c.对于分离两种红色素(苋菜红、胭脂红)的食品用的展开剂为甲醇∶乙二胺∶氨水＝10∶3∶4(主要是苋菜红与胭脂红上升快,其他色素上升很慢)。

　　③比色定量。

　　将薄层板展开后→用小刀分别将各条色斑刮下→移入砂芯漏斗→用乙醇氨溶液解吸抽滤→于水浴上蒸发到无氨味→定容 10 mL→分别测出消光值(根据各种色素的最大吸收波长测定其光密度)→从标准曲线上查出相应的各色素含量。

　　④标准曲线的制备。

　　先配成标准色素贮备液(100 μg/mL),称 0.1 g 标准色素加水稀释至 1000 mL。取 10 mL 比色管十支,编号为 0、1、2、3、4、5、6、7、8、9,分别吸取 0.0 mL、0.1 mL、0.5 mL、1.0 mL、2.0 mL、3.0 mL、4.0 mL、5.0 mL、6.0 mL、7.0 mL 标准色素贮备液,加水至 10 mL,相当于标准液浓度为 0 μg/mL、1 μg/mL、5 μg/mL、10 μg/mL、20 μg/mL、30 μg/mL、40 μg/mL、50 μg/mL、60 μg/mL、70 μg/mL。

　　分别测出上述样液的消光值,以水为参比,以色素浓度为横坐标,消光值为纵坐标,绘制标准曲线。

　　以水为参比,pH 值为 6,各色素的最大吸收波长如下:胭脂红 508 nm;柠檬黄 428 nm;苋菜红 520 nm;橘黄 485 nm;赤藓红 528 nm;靛蓝 610 nm。

　　注意事项:

　　①聚酰胺粉吸附要求预先活化,并要求在一定的温度、pH 值和一定的作用时间下进行,操作时应注意。聚酰胺在酸性条件下吸附色素牢固,用水洗涤聚酰胺粉以除去可溶性物质,要求水偏酸性(pH 值为 4),防止聚酰胺上的色素在洗涤过程中脱落。

　　②样品的前处理和提纯过程很重要,要充分去除杂质(油脂、蛋白质、淀粉、糖),以免影响吸附及层析效果。

　　一般能溶解在水中的物质,如食盐、糖、味精、香精等,在用酸性水洗涤聚酰胺粉时都能除去,还有明胶、果胶也可以通过大量水除去;对油脂类可以用丙酮或石油醚洗涤脱脂,如果油脂含量很高,可在研钵中用丙酮、海砂研磨除去;样品中蛋白质、淀粉含量高时,可用蛋白酶或钨酸钠、淀粉酶水解后除去;对于天然色素可用 6∶4 甲醇-甲酸除去。

　　③纸层析定性时不可折皱,边缘应剪齐,不可有毛边,而且要注意纸的横、竖向,应顺纹上行,展开较好,否则将导致结果不规律。

　　④在浓缩样液时应控制水浴温度为 70～80 ℃,应使样液缓慢蒸发,勿溅出蒸发皿外,防止色素干结在蒸发皿的壁上(应经常摇动蒸发皿)。

　　⑤靛蓝褪色过程为深蓝色→浅蓝色→黄色→无色。靛蓝褪色受光、氧、温度、pH 等多种因素的影响,测定靛蓝时要注意。

　　⑥展开剂使用时最好 2 天换一次,以保证分离效果,放置时间过长会造成浓度和极性都

起变化,影响分离效果。

⑦漏斗用完后要洗净,先用浓盐酸 20 mL 少量多次洗,然后用水多次冲洗,否则影响下一个样品的吸附或解吸作用。

⑧聚酰胺粉可回收使用。将使用过的聚酰胺收集于干净的烧杯中,用 0.5% NaOH 溶液浸泡 24 h 之后使用水泵抽干,倒回烧杯,加 0.1 N HCl 溶液泡 30 min,然后再用水泵抽干,用水洗至中性,置 60 ℃烘箱烘干备用。

⑨比色时样液要求清晰,若样液混浊,会使消光值增大,影响测定结果,可采取离心处理,也可静置。

## 第七节　抗氧化剂的测定

阻止、延迟脂肪自动氧化作用的物质称为抗氧化剂,其使用剂量为 0.02%。人工合成的抗氧化剂有 2,6-二叔丁基对甲酚(BHT)、叔丁基对羟基茴香醚(BHA)、没食子酸丙酯(PG)。

(1)2,6-二叔丁基对甲酚

2,6-二叔丁基对甲酚特点:①抗氧化性强于 BHA;②毒性大于 BHA。

(2)叔丁基对羟基茴香醚

叔丁基对羟基茴香醚特点:①对热稳定;②在弱碱性环境中不破坏(作为焙烤食品用的抗氧化剂)。

(3)没食子酸丙酯

没食子酸丙酯特点:①耐热性强;②溶于油脂、酒精等有机溶剂中。

以上三种人工合成抗氧化剂在我国都有使用,混合使用时抗氧化性最强,两种抗氧化剂混合使用的效果最好,但要加增效剂。增效剂的作用主要是络合重金属离子,常用的增效剂有柠檬酸、抗坏血酸、磷酸等,使用剂量为抗氧化剂的 $\frac{1}{2}$。

以下简要介绍油脂的氧化机制和抗氧化剂的抗氧化机制。

(1)油脂氧化机制

油脂氧化主要有两种机制:自动氧化和脂肪酸氧化。其中自动氧化是自由基链式反应,包括三个阶段:链引发、链增长和链终止。

以 RH 代替脂肪或者脂肪酸,其氧化过程分为以下步骤。

第一步(链引发):RH→R·＋H·

第二步(链增长):R·＋$O_2$→ROO·

ROO·＋RH→ROOH＋R·

第三步(链终止):R·＋ R·→R—R

R·＋ROO·→ROOR

脂肪 RH 受热或光、金属、催化剂等的影响分解成不稳定的游离基 R·和 H·。当有分子氧存在时,游离基 R·便与分子氧发生氧化反应,生成过氧化游离基 ROO·,过氧化游离基 ROO·再与脂肪 RH 生成氢过氧化物和游离基 R·,产生的游离基 R·相互结合,使反应终止。随着反应的进行,更多脂肪分子转变成氢过氧化物,氢过氧化物进一步变化,产生更多的游离基和稳定的终产物,这些就导致了油脂的完全变质、酸败味的形成,以及种种反应的发生。

（2）抗氧化剂的抗氧化机制（以 AH 代表抗氧化剂）

$$AH+R\cdot \rightarrow RH+A\cdot$$
$$A\cdot +A\cdot \rightarrow A-A$$
$$A\cdot +ROO\cdot \rightarrow ROOA$$

抗氧化剂的作用机制是遇到游离基后将游离基破坏，也就是说反应关键是除去 R·、ROO·，这样就终止了链传播，延缓了酸败。

## 一、BHA 的测定（比色法）

### 1. 原理

用石油醚将样品中的 BHA 提取出来，根据 BHA 在石油醚和含水乙醇项中分配系数不同，使其溶解于 72% 的乙醇中，BHA 与 2,6-二氯醌氯亚胺的硼砂溶液发生一系列蓝色反应，可在 620 nm 下比色测定。

### 2. 操作方法

（1）绘制标准曲线

取 6 支 25 mL 比色管，分别吸取 10 μg/mL 的 BHA 标准溶液 0.0 mL、0.1 mL、0.3 mL、0.5 mL、0.7 mL、0.9 mL，然后加入 72%乙醇溶液稀释至 12 mL，摇匀，加 0.01% 2,6-二氯醌氯亚胺 2 mL，充分混匀后加入 2%硼砂溶液 2 mL，摇匀后静置 15 min，于分光光度计 620 nm 处测定吸光度，绘制标准曲线。

（2）样品分析

称取鱼肉 2 g→置于 50 mL 量筒中→加无水乙醇 2 mL→加石油醚（30~60 ℃）48 mL→摇匀→静置 24 h→吸上清液 25 mL→置于 125 mL 分液漏斗中→用 72%乙醇分四次提取→合并于 50 mL 容量瓶中→加 72%乙醇于刻度，若溶液浑浊，则应过滤→取 2 mL 溶液置于比色管中→加 72%乙醇 12 mL→加 2,6-二氯醌氯亚胺 2 mL→加硼砂溶液 2 mL→静置 15 min→620 nm 下比色。

（3）计算

$$BHA(mg/kg) = \frac{V \times C \times V_2}{V_1 \times W \times V_3}$$

式中：$V$——样品定容总体积（mL）；

$V_1$——提取液定容体积（mL）；

$C$——相当于 BHA 的标准量（μg）；

$W$——样品的质量（g）；

$V_2$——取样品总体积（mL）；

$V_3$——测定时所用提取液的总体积（mL）。

注意事项：染料 2,6-二氯醌氯亚胺溶液见光后易变质，储于棕色瓶中超过 6 h 的溶液经重新配制在冰箱中可保存 3 天，一般为用时配制。

例：腌鱼肉 2 g 定容 50 mL，取出 25 mL 提取 BHA 定容 50 mL，测定时取 2 mL，取溶液（相当于 5 μg）代入上式计算：

$$BHA(mg/kg) = \frac{V \times C \times V_2}{V_1 \times W \times V_3} = \frac{50 \text{ mL} \times 5 \text{ μg} \times 50 \text{ mL}}{25 \text{ mL} \times 2 \text{ g} \times 2 \text{ mL}} = 125 \text{ mg/kg}$$

## 二、PG 的测定

没食子酸丙酯(PG)也是常用的一种抗氧化剂,由于其合成工艺简单,原料低廉,广泛用于低档产品中。它是由没食子酸和正丙醇酯化而成的白色或微褐色结晶性粉末,本身微苦,熔点为 145～148 ℃,有吸湿性,耐热性强,溶于油脂、酒精等有机溶剂中。

**1. 比色法原理**

PG 与 a,a'-联吡啶-氯化铁溶液生成橘红色的发色团,所生成的颜色深浅与 PG 的含量成正比,在 530 nm 下比色。

**2. 操作步骤**

(1)绘制标准曲线

取 6 支 10 mL 比色管,分别吸取 10 μg/mL PG 标准溶液 0.0 mL、0.5 mL、1.0 mL、1.5 mL、2.0 mL、2.5 mL,加入无水乙醇 2.5 mL、2.0 mL、1.5 mL、1.0 mL、0.5 mL、0.0 mL,加水至 5.5 mL,于避光处加入 1 mL 显色剂,置于暗处 1 h,在 530 nm 下比色,绘制标准曲线。

(2)样品处理

称样 5 g→置于烧瓶中→加石油醚 50 mL→振动 30 min→取上清液 25 mL→置于分液漏斗→用 40 mL 水提取三次→提取液合并于 50 mL 容量瓶中→加水至刻度供测定。

(3)测定

吸取 2 mL 配制的样品溶液,置于比色管中→加无水乙醇 2.5 mL→加水 3.5 mL→摇匀→暗处加 a,a'-联吡啶-氯化铁溶液 1 mL→加三氯化铁溶液 1 mL→暗处放 1 h→530 nm 下比色,同时做空白实验。

(4)计算

$$PG(mg/kg) = \frac{V_1 \times V_3 \times C}{V_2 \times V_4 \times W}$$

式中:$C$——相当于 PG 的标准量($\mu$g);

$V_1$——样品稀释总体积(mL);

$V_2$——取总体积进行提取(mL);

$V_3$——提取后定容(mL);

$V_4$——比色时提取液体积(mL)。

## 三、BHT 的测定

为了提高油脂的稳定性,防止食品酸败,延长食品的保质期,人们开始在食用油中添加抗氧化剂,由于抗氧化剂 BH、PG 对热稳定性较差,而 BHT 的热稳定性较好,能适应精炼油的全过程,所以常在食用油中添加抗氧化剂 BHT。

**1. 比色法原理**

油脂中的抗氧化剂 BHT 经水蒸气蒸馏法从油脂中分离出来,其馏出物经冷凝后溶于甲醇中,遇邻联二茴香胺、亚硝酸钠试剂生成橙红色物质,用氯仿萃取后的深红色溶液在 520 nm 处比色测消光值。

**2. 标准曲线的绘制**

取 6 个用黑布包扎的 60 mL 分液漏斗,分别吸 BHT 标准溶液 5 μg/mL 置于 60 mL 分液漏斗中→加 50%甲醇溶液至 25 mL→加邻联二茴香胺溶液 5 mL→摇匀→加 0.3%亚硝酸钠 2 mL→摇 1 min→放置 10 min→加氯仿 10 mL→摇 1 min→分层后→将下层氯仿放入黑布包扎的 10 mL 比色管中→于 520 nm 处测消光值→绘制标准曲线。

**3. 样品处理**

吸取油脂样 5 g→置于 500 mL 蒸馏瓶中→加无水 $CaCl_2$ 16 g→加水 10 mL→当温度达到 165 ℃时,连接好水蒸气装置→用 50 mL 甲醇的容量瓶接收(最好是 200 mL)→收集馏液为 100 mL(共计 150 mL)→用热甲醇(40~50 ℃)分次洗涤冷凝管→合并于容量瓶→用甲醇定容 200 mL。

**4. 测定**

吸取馏液 25 mL→置于黑布包扎的 60 mL 分液漏斗→加邻联二茴香胺溶液 5 mL→摇匀→加 0.3% 亚硝酸钠 2 mL→摇匀 1 min→放 10 min→加 10 mL 氯仿→振摇 1 min→分层后→将氯仿液放入黑布包扎的 10 mL 比色管→在 520nm 下测消光值。

**5. 计算**

$$BHT(mg/kg) = \frac{V \times C}{V_1 \times W}$$

式中:$W$——样品质量(g);

　　　$V$——样品定容体积(mL);

　　　$V_1$——测定时所用的提取液体积(mL);

　　　$C$——相当于 BHT 的标准量($\mu g$)。

**6. 注意事项**

①控制蒸汽温度不要太高,以免带出油滴,影响测定结果。

②蒸馏结束后,用热的甲醇淋洗弯管及冷凝管少量多次,以免冲洗不干净,导致结果偏低。

③加入显色剂后的反应时间为 5~7 min,显色到达最高峰 10 min 之内保持恒定,然后逐渐褪色,所以必须静置 10 min,然后立即加氯仿萃取。

④氯仿萃取后,放于暗处 1 h,如果暴露于光线中会很快褪色。

⑤所生成的有色物对光具有敏感性,在暗处内操作最好。

## 四、BHA 和 BHT 混合使用时的分离与测定方法(分别显色比色法)

**1. 原理**

用石油醚提取食品中的 BHA 和 BHT。通过硅胶柱使 BHA 和 BHT 分离,BHA 与 2,6-二氯醌氯亚胺-硼砂溶液生成蓝色。BHT 与 a,a'-联吡啶-氯化铁溶液生成橘红色发色团,与标准比色定量。

**2. 试剂**

①0.01% 2,6-二氯醌氯亚胺乙醇液,采用无水乙醇配置存于棕色瓶中,冰箱保存可存三天。

②硼砂缓冲溶液:取硼砂 0.6 g、氯化钾 0.7 g、NaOH 0.26 g,加无水乙醇至 500 mL,过滤后即可使用。

③0.2% a,a'-联吡啶溶液:称取 a,a'-联吡啶 0.2 g 置于烧杯中,加入 2 mL 乙醇,定容 100 mL。

④0.2% $FeCl_3$ 溶液:24 h 后重新配置。

⑤30%乙醇溶液。

⑥石油醚:30～60 ℃。

⑦硅胶,柱层析用,不活化。

⑧BHA 溶液:称取 BHA 0.050 g→加少量无水乙醇溶解后→转移至 100 mL 棕色容量瓶,用无水乙醇定容→避光保存→此液浓度为 0.5 mg/mL,临用时取 1 mL 于 50 mL 容量瓶→加无水乙醇定容→制得浓度为 10 $\mu$g/mL 的 BHA。

⑨BHT 标液:称取 BHT 0.1000 g→少量无水乙醇溶解后→定容 100 mL(用无水乙醇定容)→浓度为 1.0 mg/mL→取 1 mL 定容 100 mL(用无水乙醇定容)→浓度为 10 $\mu$g/mL。

**3. 方法(整个过程要避免光照)**

(1)样品处理

取磨碎样 10 g→置于带塞三角瓶中→加石油醚 50 mL→振摇 20 min→静止后取上层液 25 mL→通过硅胶柱用石油醚淋洗→收集 150 mL 淋洗液→作为 BHT 检验液→取出 5 mL,置于蒸发皿中自然挥干→用 30%乙醇 6 mL 洗涤滤纸→滤液与洗液合并于比色管中→供 BHT 测定。用无水乙醇淋洗以石油醚淋洗后的硅胶柱,至淋洗液为 100 mL,供 BHT 测定。

(2)测定

①BHT 的测定。

a. 标准曲线的绘制。

取 6 支比色管,分别吸取 0.0 mL、0.5 mL、1.0 mL、1.5 mL、2.0 mL、2.5 mL BHT 标准溶液,加入 1 mL 30%乙醇溶液,再加入 0.2%a,a'-联吡啶 1 mL,在暗室中加入 $FeCl_3$ 溶液 1 mL,放置 60 min 后进行比色(波长 520 nm),绘制标准曲线。

b. 样品的测定。

吸取上面的 BHT 测定液 20 mL→置于比色管中→加 30%乙醇至 8 mL→加 0.2%a,a'-联吡啶 1 mL→以下同标准曲线绘制的步骤。

②BHA 的测定。

a. 标准曲线的绘制。

取 6 支比色管,分别吸取 BHA 标准溶液 0.0 mL、0.5 mL、1.0 mL、1.5 mL、2.0 mL、2.5 mL,加无水乙醇稀释至总体积为 8 mL,加 0.01%2,6-二氯醌氯亚胺乙醇液 1 mL,加硼砂缓冲溶液 2 mL,摇匀,静止 20 min,于 620 nm 下测定消光值,绘制标准曲线。

b. 样品的测定

取 BHA 测定液 4 mL→置于比色管中→用无水乙醇稀释至 8 mL→以下同标准曲线绘制的步骤。

**4. 计算**

$$BHT 或 BHA(mg/kg) = \frac{V \times V_2 \times C \times 1000}{V_1 \times V_3 \times W \times 1000}$$

式中:$C$——测定用样液中 BHA 或 BHT 的含量($\mu$g);

$V$——BHA 或 BHT 混合时的总体积(mL);

$V_1$——BHA 或 BHT 分离时的体积(mL);

$V_2$——BHA 或 BHT 分离后的定容体积(mL);

$V_3$——BHA 或 BHT 分离后的测定用量(mL);

$W$——样品质量(g);

1000——将 $\mu g$ 换算成 mg;

1000——表示单位(将 g 换成 kg)。

**5. 注意事项**

①抗氧化剂本身会被氧化,样品随着存放时间的延长含量会下降,所以样品进入实验室应尽快分析,避免结果偏低。

②抗氧化剂 BHT 稳定性较差,易受阳光、温度的影响,操作时应避光。

③用柱层分离含油脂多的食品,会受到温度的影响,室内温度低,流速缓慢,会使分离效果受影响,最好在 20 ℃ 以上温度条件下进行分离。

## 五、BHA、BHT、PG 混合使用时的测定方法

近年来,国内将 BHA、BHT、PG 或其中的两种,分别用于高油脂的食品中,如饼干、巧克力、奶糖、花生米、核桃仁罐头等。BHA、BHT、PG 混合使用时,BHA 与 BHT 的总量不得超过 0.1 g/kg,即 100 mg/kg,而 PG 不得超过 50 mg/kg。本法是用石油醚将食品中的三种抗氧化剂萃取出来,然后从萃取液中萃取 PG,再经硅胶柱层析将 BHA、BHT 分离。

**1. 原理**

抗氧化剂与福林-酚试剂结合,生成一种蓝色络合物,所生成的颜色深浅与抗氧化剂的浓度成正比,可比色定量。

**2. 试剂**

①石油醚 30～60 ℃。

②10% 碳酸钠。

③无水乙醇。

④硅胶,柱层析用,60 目。

⑤福林-酚试剂:称钼酸钠 25 g,加入 85% 磷酸 50 mL、浓盐酸 100 mL、水 700 mL,回流加热 10 h,然后加入硫酸锂 150 g、水 50 mL、溴数滴,煮沸 15 min,最后加水稀释到 1000 mL,使用时用水稀释三倍。

⑥抗氧化剂标液:称 PG、BHA、BHT 各 100 $\mu g$,用 80% 乙醇溶液溶解后定容 100 mL(棕色瓶),于冰箱中保存,浓度即 1000 $\mu g$/mL。

**3. 操作方法**

①BHT 的提纯方法:取一层层析柱,按规定装填好,先用石油醚润湿,将分液漏斗内提纯 PG 后剩余的石油醚层(BHT 与 BHA 的混合液)全部注入层析柱,用石油醚淋洗,收集 150 mL 淋洗液作为 BHT 检查液。

②BHT 的提纯方法:待层析柱内淋洗液基本流尽,再用无水乙醇淋洗,收集 100 mL 淋洗液,用作 BHA 检验液。

③显色:吸取 PG 检验液 5 mL 置于 10 mL 比色管中,取 BHT 与 BHA 各 5 mL 分别置于蒸发皿中,在暗室中自然风干,然后在 PG、BHA、BHT 被检液中各加入 10% 碳酸钠 0.5 mL,混匀后,再加入 0.5 mL 福林-酚试剂,用水稀释到总体积 6 mL,放 2 h 后显色,在 730 nm 下测定消光值。

④标准曲线的绘制。

取 6 支 10 mL 比色管,分别吸取 10 μg/mL 抗氧化剂标准溶液 0.0 mL、1.0 mL、2.0 mL、3.0 mL、4.0 mL、5.0 mL,加入 10% 碳酸钠 0.5 mL,加水 4 mL,加福林-酚试剂 0.5 mL,加水稀释至总体积 6 mL,摇匀,放 2 h 后比色,于 730 nm 处测定 PG、BHA、BHT 的消光值,绘制标准曲线。

**4. 计算**

根据测的样品溶液的光密度,从标准曲线上分别查出对应的 PG、BHA、BHT 含量(μg)。

$$抗氧化剂(mg/kg) = \frac{V \times V_2 \times C \times 1000}{V_1 \times V_3 \times W \times 1000}$$

式中:$C$——从标准曲线上查得的 PG、BHA、BHT 的含量(μg);

$V$——样品定容体积(mL);

$V_1$——PG、BHA、BHT 分离时的体积(mL);

$V_2$——PG、BHA 或 BHT 分离后的每种抗氧化剂的定容体积(mL);

$V_3$——显色时取样液体积(mL);

$W$——样品质量(g);

1000——将 μg 换算成 mg;

1000——表示单位(将 g 换成 kg)。

**5. 注意事项**

①抗氧化剂 BHT 稳定性较差,易受阳光、热的影响,操作时应避光。

②抗氧化剂本身会被氧化,应尽快分析,避免误差。

③层析柱的大小、吸附颗粒的范围、吸附剂的多少、装填的高度都对分离有影响,必须严格控制实验条件。

# 第二部分　食品添加剂检测国家标准

①《食品安全国家标准 食品添加剂使用标准》(GB 2760—2014)。

②《食品安全国家标准 食品添加剂 亚硝酸钠》(GB 1886.11—2016)。

③《食品安全国家标准 食品添加剂 糖精钠》(GB 1886.18—2015)。

④《食品安全国家标准 食品添加剂 二丁基羟基甲苯(BHT)》(GB 1900—2010)(含第 1 号修改单)。

⑤《食品安全国家标准 食品添加剂 山梨酸钾》(GB 1886.39—2015)。

⑥《肉及肉制品中 7 种合成红色素的测定 液相色谱-串联质谱法》(NY/T 4262—2022)。

# 项目四 食醋总酸度的检验

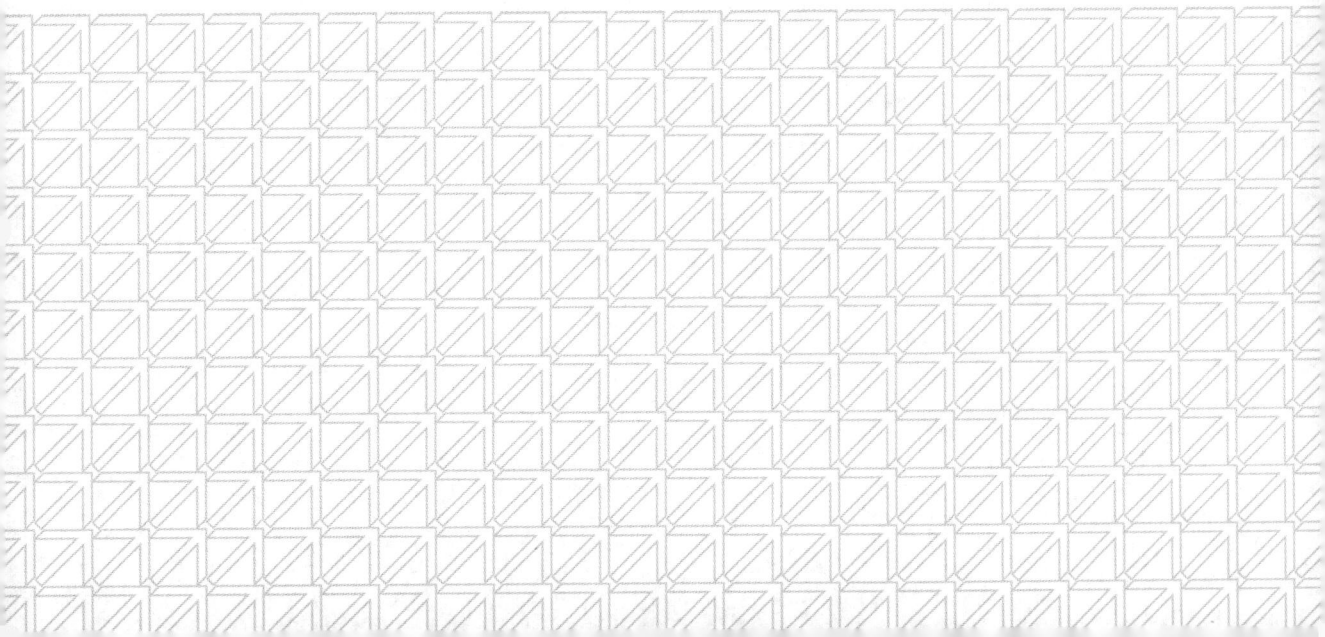

# 模块一 工作任务书

## 一、项目基本情况

| 工作任务名称 | | 项目四 食醋总酸度的检验 | |
|---|---|---|---|
| 工作时间 | 10 课时 | 工作小组及成员名单 | |
| 指导教师 | 石昕 | 工作地点 | 企业现场、青职检测公司接样室 |
| 工作任务描述 | 青岛华测检测有限公司接受客户委托,分别对一批食醋进行总酸度检测。 | | |
| | 任务要求:<br>1.通过网络检索设计一份采样记录单,并正确填写;<br>2.设计并正确填写样品交接单;<br>3.通过国标检索,根据实验室现有条件明确食醋总酸度检测的工作任务;<br>4.熟练掌握 pH 计的使用方法;<br>5.制定食醋总酸度的检测方案;<br>6.实施食醋总酸度检测;<br>7.完成检测报告。 | | |
| 能力目标 | 1.能够熟练地查阅文献,确定检测方案;<br>2.小组协作能够顺利完成检测;<br>3.能够出具完整的检测报告;<br>4.根据检测方案要求,估算出如果要完成上述检测任务,检测成本是多少,写出简要的测算过程(包括试剂、水电费、人工费等,其中电费和水费均属工业用)。 | | |

## 二、资讯内容

| 序号 | 自主查阅资料或学习内容 | 资料来源 |
|---|---|---|
| | | |
| | | |
| | | |
| | | |

## 三、工作心得

1. 本项目完成过程中你最感兴趣的是什么？

2. 完成本项目你最大的收获是什么？

3. 下一个项目中,你打算在哪些方面作重点改进？

4. 完成本项目过程中,你遇到了哪些障碍？你又采取了哪些措施解决障碍？

# 模块二　检测报告模板

报告编号：

# 检测报告

样　品　名　称：_____

委　托　单　位：_____

检　验　小　组：_____

检　验　组　长：_____

检　验　组　员：_____

_____

青岛职业技术学院

20____年____月____日

# 注意事项

十七、报告无"检测报告专用章"或者检验单位公章无效。

十八、复制报告未重新加盖"检测报告专用章"或者检验单位公章无效。

十九、报告无主检、审核、批准人签字作无效处理。

二十、报告涂改无效。

二十一、对检测报告若有异议,应于收到报告之日起十五日内向检测单位提出,逾期不予受理。

二十二、一般情况下,委托检验只对来样负责。

二十三、未经检测小组组长许可,不得随意更改。

二十四、解释权归检测中心所有。

地址:

电话:

邮政编码:

# 检验报告

| 产品名称 | | 型号规格 | |
| --- | --- | --- | --- |
| | | 商标 | |
| 制造商 | | 样品外观 | |
| 采样日期 | | 检验日期 | |
| 检验依据 | | | |
| 检验项目 | | | |
| 检验结论 | 签发日期： 年 月 日 | | |
| 备注 | | | |
| 检测员 | 日期： | | |
| 审核： | 复审： | | |

## 检验项目及检测结果（可根据需要加页）

| 项目编号 | 检测项目 | 标准编号 | 具体内容及过程 | 检测结果 |
|---|---|---|---|---|
| 1 | | | | |
| 2 | | | | |

# 模块三　知识乐园

## 一、什么是 pH 复合电极

把 pH 玻璃电极和参比电极组合在一起的电极就是 pH 复合电极。相对于这两个电极而言,pH 复合电极最大的好处就是使用方便。pH 复合电极主要由电极球泡、玻璃支持管、内参比电极、内参比溶液、电极外壳、外参比电极、外参比溶液、液接界、电极帽、电极导线、插口等组成。根据外壳材料的不同,pH 复合电极分为塑壳和玻璃两种。

①电极球泡:由具有氢功能的锂玻璃熔融吹制而成,呈球形,膜厚为 0.1~0.2 mm,电阻值小于 250 MΩ(25 ℃)。

②玻璃支持管:支撑电极球泡的玻璃管体,由电绝缘性优良的铅玻璃制成,其膨胀系数应与电极球泡玻璃一致。

③内参比电极:为银/氯化银电极,主要作用是引出电极电位,要求其电位稳定,温度系数小。

④内参比溶液:零电位的 pH 值为 7,是中性磷酸盐和氯化钾的混合溶液,玻璃电极与参比电极构成电池建立零电位的 pH 值,主要取决于内参比溶液的 pH 值及氯离子浓度。

⑤电极外壳:支持玻璃电极和液接界,盛放外参比溶液的壳体,通常由聚碳酸酯(PC)塑压成型或者玻璃制成。

⑥外参比电极:为银/氯化银电极,作用是提供与保持一个固定的参比电势,要求电位稳定,重现性好,温度系数小。

⑦外参比溶液:氯化钾溶液或 KCl 凝胶电解质。

⑧液接界:外参比溶液和被测溶液的连接部件,要求渗透量稳定,通常用砂芯的。

⑨电极导线:为低噪声金属屏蔽线,内芯与内参比电极连接,屏蔽层与外参比电极连接。

## 二、关于可充式和非可充式 pH 复合电极

可充式 pH 复合电极在电极外壳上有一加液孔,当电极的外参比溶液流失后,可将加液孔打开,重新补充 KCl 溶液。而非可充式 pH 复合电极内装凝胶状 KCl,不易流失,也无加液孔。

可充式 pH 复合电极的特点是参比溶液有较高的渗透速率,液接界电位稳定重现,测量精度较高。而且当参比电极减少或受污染后可以补充或更换 KCl 溶液,但缺点是使用较麻烦。可充式 pH 复合电极使用时应将加液孔打开,以增加液体压力,加速电极响应,当参比液液面低于加液孔 2 cm 时,应及时补充新的参比液。

非可充式 pH 复合电极的特点是维护简单、使用方便,因此也得到广泛的应用。但其作为实验室 pH 电极使用时,在长期和连续的使用条件下,液接界处的 KCl 浓度会减少,影响测试精度。非可充式 pH 复合电极不用时,应浸在电极浸泡液中,这样下次测试时电极性能会很好,而大部分实验室 pH 电极都不是长期和连续地测试,因此这种结构对精度的影响是比较小的。而工业 pH 复合电极由于对测试精度的要求比较低,所以使用方便就成为主要

的选择。

### 三、如何正确浸泡 pH 复合电极

pH 复合电极使用前必须浸泡,因为 pH 复合电极的电极球泡是一种特殊的玻璃膜,在玻璃膜表面有一很薄的水合凝胶层,它只有在充分湿润的条件下才能与溶液中的 $H^+$ 离子有良好的响应。同时,pH 玻璃电极经过浸泡,可以使不对称电势大大下降并趋向稳定。pH 玻璃电极一般可以用蒸馏水或 pH 值为 4 的缓冲溶液浸泡。通常使用 pH 值为 4 的缓冲液更好一些,浸泡时间为 8~24 h 或更长,根据电极球泡玻璃膜厚度、电极老化程度而不同。同时,参比电极的液接界也需要浸泡。因为如果液接界干涸会使液接界电势增大或不稳定,参比电极的浸泡液必须和参比电极的外参比溶液一致,浸泡时间一般为几小时。

因此,对 pH 复合电极而言,就必须浸泡在含 KCl 的 pH 值为 4 的缓冲液中,这样才能对电极球泡和液接界同时起作用。这里要特别注意,因为过去人们使用单支的 pH 玻璃电极已习惯于用去离子水或 pH 值为 4 的缓冲液浸泡,后来使用 pH 复合电极时依然采用这样的浸泡方法,甚至在一些不正确的 pH 复合电极的使用说明书中也会进行这种错误的指导。这种错误的浸泡方法引起的直接后果就是使一支性能良好的 pH 复合电极变成一支响应慢、精度差的电极,而且浸泡时间越长性能越差,因为经过长时间的浸泡,液接界内部(例如砂芯内部)的 KCl 浓度已大大降低了,使液接界电势增大和不稳定。当然,只要在正确的浸泡溶液中重新浸泡数小时,电极还是会复原的。

另外,pH 复合电极也不能浸泡在中性或碱性的缓冲溶液中,长期浸泡在此类溶液中会使电极球泡玻璃膜响应迟钝。

正确的 pH 复合电极浸泡液的配制方法:取 pH 值为 4.00 的缓冲剂(250 mL)一包,溶于 250 mL 纯水中,再加入 56 g 分析纯 KCl,适当加热,搅拌至完全溶解即可。

为了使 pH 复合电极使用更加方便,一些进口的 pH 复合电极和部分国产电极都在电极头部装有一个密封的塑料小瓶,内装电极浸泡液,电极头长期浸泡其中,使用时拔出洗净即可,非常方便。这种保存方法不仅方便,而且对延长电极寿命也是非常有利的,但是塑料小瓶中的浸泡液不能受污染,要注意更换。

### 四、什么是液接界

在 pH 计测量过程中,均使用参比电极,大多数情况下参比电极带有盐桥溶液。参比电极通过盐桥溶液与被测溶液相连通,这样在被测溶液和参比盐桥溶液之间就形成液接界,液接界两边溶液中的离子不断跨越界面向对面进行扩散,而各个离子扩散速度不同,使液接界两边带有符号相反的电荷,产生电位差,这种电位差即为液接界电位,也称扩散电位,它会影响电极的测量精度。为了减少液接界的电势差或使其保持稳定及重现,就必须采用高浓度的 KCl 溶液(≥3 mol/L)作为电极的外参比盐桥溶液,它有足够高的离子强度,比被测介质可能的最大离子强度还要大 5~10 倍,因此,在液接界界面上,总是 $K^+$ 和 $Cl^-$ 向外扩散,而由于 $K^+$ 与 $Cl^-$ 的淌度几乎相等,正负电荷分布基本均匀,因此形成较小的液接界电势。这就是参比电极中的外参比溶液必须使用高浓度 KCl 溶液的原因。

### 五、如何正确使用 pH 复合电极

①球泡前端不应有气泡,如有气泡应用力甩去。

②电极从浸泡瓶中取出后,应在去离子水中晃动并甩干,不要用纸巾擦拭球泡,否则静电感应电荷转移到玻璃膜上,会延长电势稳定的时间,更好的方法是使用被测溶液冲洗电极。

③pH复合电极插入被测溶液后,要搅拌晃动几下再静止放置,这样会加快电极的响应。尤其使用塑壳pH复合电极时,搅拌晃动要更厉害一些,因为球泡和塑壳之间会有一个小小的空腔,电极浸入溶液后有时空腔中的气体来不及排除,会产生气泡,使球泡或液接界与溶液接触不良,因此必须用力搅拌晃动以排除气泡。

④在黏稠性试样中测试之后,电极必须用去离子水反复冲洗多次,以除去黏附在玻璃膜上的试样。有时还需先用其他溶剂洗去试样,再用水洗去溶剂,浸入浸泡液中活化。

⑤避免接触强酸强碱或腐蚀性溶液,如果测试此类溶液,应尽量减少浸入时间,用后仔细清洗干净。

⑥避免在无水乙醇、浓硫酸等脱水性介质中使用,它们会损坏球泡表面的水合凝胶层。

⑦塑壳pH复合电极的外壳材料通常采用聚碳酸酯(PC)塑料,PC塑料在有些溶剂中会溶解,如四氯化碳、三氯乙烯、四氢呋喃等,如果测试中含有以上溶剂,就会损坏电极外壳,此时应改用玻璃外壳的pH复合电极。

## 六、pH复合电极如何清洗

因为pH复合电极测量的介质的浓度及污染杂质各不相同,需要清洗干净,以备下次继续使用,为了保持电极的测量精度和电极的活性,下面对于不同杂质附着在电极膜表面进行不同分析。pH复合电极清洗杂质主要有以下几种清洗情况。

(1)一般污物:3%～5%的盐酸,高压(<689.476 kPa)水冲洗。

(2)油或脂:异丙基乙醇(耐磨乙醇)、甲醇、能去除特殊脂的其他溶液。

(3)碱性条件下工作的pH复合电极:5%～10%的盐酸溶液,3%～7%的硫酸;浓盐酸与磷酸混合溶液。

(4)酸性条件下工作的pH复合电极:5%～10%的热碱性溶液(>56 ℃);5%～10%的盐酸;2%～3%的氢氟酸。

(5)硫酸盐与碳酸盐:5%～10%的盐酸;浓盐酸与磷酸混合溶液;亚硫酸钠与连二亚硫酸钠的混合物。

(6)二氧化硅或黏滞物:2%～5%氢氟酸。

由于pH复合电极极为精细,所以去除黏在pH复合电极上的污物需要有足够的耐心,并且在清洗过程中要使用适当的安全装置。选择适当的清洗溶液能使这项工作变得容易一些。清洗时,把电极浸入清洗溶液中至少5 min,以便清洗介质渗入污物。对电极进行两次洗涤是一个有效的办法。首先将电极放在酸或碱溶液中浸泡,在浸泡过程中,用软牙刷刷电极以去除污垢;然后选择一种溶剂清洗;最后要对传感器进行漂洗,用清水或盐溶液(KCl)浸泡,保持其活性灵敏度,延长电极使用寿命。

## 七、如何"修复"pH复合电极

pH复合电极的"损坏",其现象是敏感梯度降低、响应慢、读数重复性差,可能由以下三种因素引起,一般可以采用适当的方法予以修复。

①电极球泡和液接界受污染。可以用细的毛刷、棉花球或牙签等,仔细去除污物。有些

塑壳 pH 复合电极头部的保护罩可以旋下，清洗就更方便了，如污染严重，可按前面的方法使用清洁剂清洗。

②外参比溶液受污染。对于可充式 pH 复合电极，可以配制新的 KCl 溶液，再加进去，注意第一、二次加进去时要再倒出来，以便将电极内腔洗净。

③玻璃敏感膜老化。可将电极球泡用 0.1 mol/L 稀盐酸浸泡 24 h，用纯水洗净，再用电极浸泡溶液浸泡 24 h。如果钝化比较严重，也可将电极下端浸泡在 4% 氢氟酸溶液中 3~5 s（溶液配制：4 mL 氢氟酸用纯水稀释至 100 mL），用纯水洗净，然后在电极浸泡溶液中浸泡 24 h，使其恢复性能。

## 八、数据处理模板

电位滴定法数据处理模板见 https://bookcenter.hustp.com/resource/detail/238502.html。

扫描二维码下载表格

# 项目五　蔬菜农药残留的检验

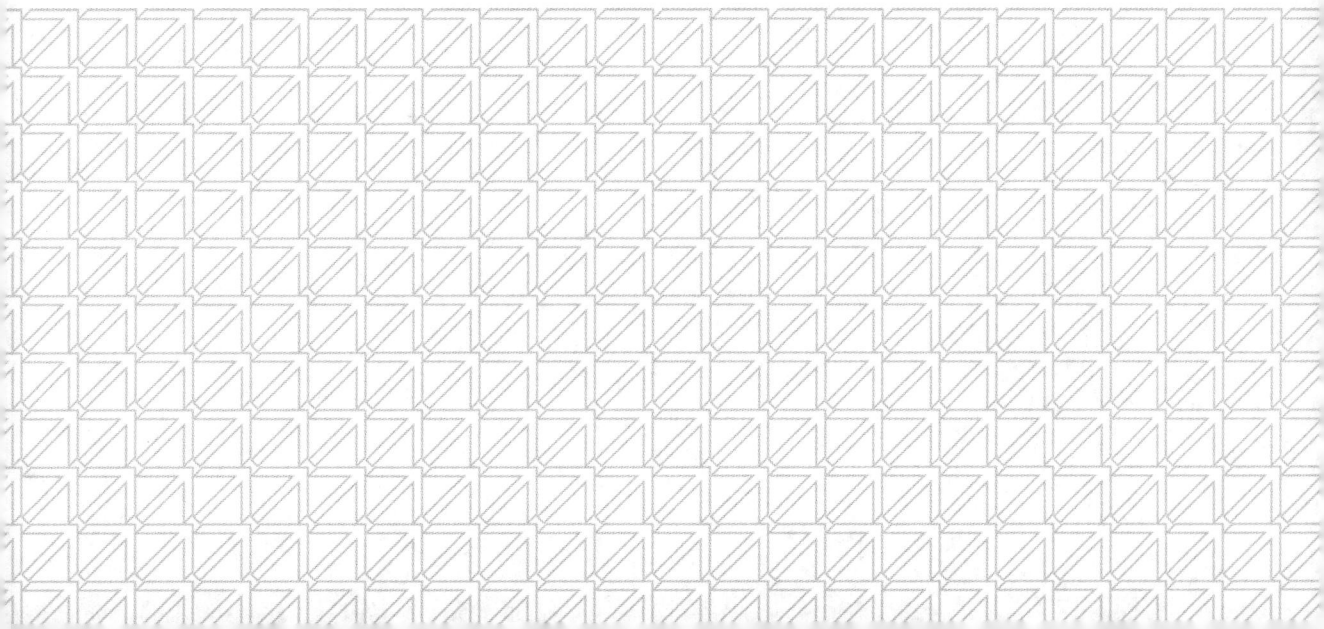

# 模块一　工作任务书

## 一、项目基本情况

| 工作任务名称 | 项目五　蔬菜农药残留的检验 | | |
|---|---|---|---|
| 工作时间 | 12 课时 | 工作小组及<br>成员名单 | |
| 指导教师 | 石昕 | 工作地点 | 企业现场、青职检测公司接样室 |
| 工作任务描述 | 通过模拟一次完整的气质联用色谱仪的使用过程,分析给定试样中有机氯的各个组分,优化分析方法,对试样中的待测物进行质谱定性和色谱定量。<br><br>**任务要求:**<br>1.通过网络检索设计一份采样记录单,并正确填写;<br>2.设计并正确填写样品交接单;<br>3.熟练掌握气质联用色谱仪的使用方法,并整理一份仪器使用规程;<br>4.利用软件处理数据,完成样品的定性、定量分析;<br>5.完成检测报告。 | | |
| 能力目标 | 1.能够熟练地查阅文献,确定检测方案;<br>2.掌握气质联用色谱仪的设计原理、结构、特点;<br>3.掌握色谱法中的数据处理方法:内标法、外标法;<br>4.小组协作顺利完成检测,熟练掌握气质联用色谱仪的操作;<br>5.能够出具完整的检测报告。 | | |

## 二、资讯内容

| 序号 | 自主查阅资料或学习内容 | 资料来源 |
|---|---|---|
| | | |
| | | |
| | | |
| | | |
| | | |

### 三、工作心得

1.本项目完成过程中你最感兴趣的是什么？

2.完成本项目你最大的收获是什么？

3.下一个项目中,你打算在哪些方面作重点改进？

4.完成本项目过程中,你遇到了哪些障碍？ 你又采取了哪些措施解决障碍？

# 模块二 检测报告模板

报告编号：

# 检测报告

样 品 名 称：_____

委 托 单 位：_____

检 验 小 组：_____

检 验 组 长：_____

检 验 组 员：_____

_____

青岛职业技术学院

20____年____月____日

# 注意事项

二十五、报告无"检测报告专用章"或者检验单位公章无效。

二十六、复制报告未重新加盖"检测报告专用章"或者检验单位公章无效。

二十七、报告无主检、审核、批准人签字作无效处理。

二十八、报告涂改无效。

二十九、对检测报告若有异议,应于收到报告之日起十五日内向检测单位提出,逾期不予受理。

三十、一般情况下,委托检验只对来样负责。

三十一、未经检测小组组长许可,不得随意更改。

三十二、解释权归检测中心所有。

地址:

电话:

邮政编码:

# 检验报告

| 产品名称 | | 型号规格 | |
| --- | --- | --- | --- |
| | | 商标 | |
| 制造商 | | 样品外观 | |
| 采样日期 | | 检验日期 | |
| 检验依据 | | | |
| 检验项目 | | | |
| 检验结论 | | | |
| | 签发日期：　　年　　月　　日 | | |
| 备注 | | | |
| 检测员 | | | |
| | 日期： | | |
| 审核： | 复审： | | |

## 检验项目及检测结果（可根据需要加页）

| 项目编号 | 检测项目 | 标准编号 | 具体内容及过程 | 检测结果 |
|---|---|---|---|---|
| 1 | | | | |
| 2 | | | | |

# 模块三　知识乐园

## 第一部分　农药残留及其检验

### 第一节　食品中的农药残留

**一、农药残留及其原因**

农药残留是指残存在环境及生物体内的微量农药,包括农药原体、有毒代谢物、降解物和杂质。

施用于作物上的农药,其中一部分附着于作物上,一部分散落在土壤、大气和水等环境中,环境残存的农药中的一部分又会被植物吸收。残留农药直接通过植物果实或水、大气到达人、畜体内,或通过环境、食物链最终传递给人、畜。

导致和影响农药残留的原因有很多,其中农药本身的性质、环境因素以及农药的使用方法是影响农药残留的主要因素。

(一)农药性质与农药残留

现已被禁用的有机砷、汞等农药,由于其代谢产物砷、汞最终无法降解而残存于环境和植物体中。

六六六(六氯化苯)、滴滴涕(双对氯苯基三氯乙烷)等有机氯农药和它们的代谢产物化学性质稳定,在农作物及环境中消解缓慢,同时容易在人和动物体脂肪中积累。因而虽然有机氯农药及其代谢物毒性并不高,但它们的残留问题仍然存在。

有机磷、氨基甲酸酯类农药化学性质不稳定,在施用后,容易受外界条件影响而分解。但有机磷和氨基甲酸酯类农药中存在着部分高毒和剧毒品种,如甲胺磷、对硫磷、涕灭威、克百威、水胺硫磷等,如果被施用于生长期较短、连续采收的蔬菜,则很难避免因残留量超标而导致人畜中毒。

另外,一部分农药虽然本身毒性较低,但其生产杂质或代谢物残毒较高,如二硫代氨基甲酸酯类杀菌剂生产过程中产生的杂质及其代谢物乙撑硫脲属致癌物,三氯杀螨醇中的杂质滴滴涕,丁硫克百威、丙硫克百威的主要代谢物克百威和3-羟基克百威等。

农药的内吸性、挥发性、水溶性、吸附性直接影响其在植物、大气、水、土壤等周围环境中的残留。

温度、光照、降雨量、土壤酸碱度及有机质含量、植被情况、微生物等环境因素也在不同程度上影响着农药的降解速度,进而影响农药残留。

(二)使用方法与农药残留

一般来讲,乳油、悬浮剂等用于直接喷洒的剂型对农作物的污染相对要大一些。而粉剂由于容易飘散而对环境和施药者的危害更大。

任何一个农药品种都有其适合的防治对象、防治作物,有其合理的施药时间、使用次数、施药量和安全间隔期(最后一次施药距采收的安全间隔时间)。合理施用农药能在有效防治病虫草害的同时减少浪费,降低农药对农副产品和环境的污染,而不加节制地滥用农药,必然导致对农产品的污染和对环境的破坏。

## 二、农药残留限量

世界卫生组织和联合国粮农组织(WHO/FAO)对农药残留限量的定义为,按照良好农业规范(GAP),直接或间接使用农药后,在食品和饲料中形成的农药残留物的最大浓度。首先根据农药及其残留物的毒性评价,按照国家颁布的良好农业规范和安全合理使用农药规范,适应本国各种病虫害的防治需要,在严密的技术监督下和有效防治病虫害的前提下,在取得的一系列残留数据中取有代表性的较高数值。它的直接作用是限制农产品中农药残留量,保障公民身体健康。在世界贸易一体化的今天,农药最高残留限量也成为各贸易国之间重要的技术壁垒。

## 三、农药残留问题

世界各国都存在着程度不同的农药残留问题,农药残留会导致以下几方面危害。

(一)农药残留对健康的影响

食用含有大量高毒、剧毒农药残留的食物会导致人、畜急性中毒事故。长期食用农药残留超标的农副产品,虽然不会导致急性中毒,但可能引起人和动物的慢性中毒,导致疾病的发生,甚至影响到下一代。

(二)药害影响农业生产

由于不合理使用农药,特别是除草剂,导致药害事故频繁,经常引起大面积减产甚至绝产,严重影响了农业生产。土壤中残留的长残效除草剂是其中的一个重要原因。

(三)农药残留影响进出口贸易

世界各国,特别是发达国家对农药残留问题高度重视,对各种农副产品中的农药残留都制定了越来越严格的限量标准。许多国家以农药残留限量为技术壁垒,限制农副产品进口,保护农业生产。2000年,欧共体将氰戊菊酯在茶叶中的残留限量从 10 mg/kg 降低到 0.1 mg/kg,使我国茶叶出口面临严峻的挑战。

## 四、解决农药残留问题的策略

(一)合理使用农药

解决农药残留问题,必须从根源上杜绝农药残留污染。我国已经制定并发布了十批《农药合理使用准则》国家标准。准则中详细规定了各种农药在不同作物上的使用时期、使用方法、使用次数、安全间隔期等技术指标。合理使用农药,不但可以有效地控制病虫草害,而且可以减少农药的使用,减少浪费,最重要的是可以避免农药残留超标。有关部门应在继续加强《农药合理使用准则》制定工作的同时,加大宣传力度,加强技术指导,使《农药合理使用准则》真正发挥其应有的作用。而农药使用者应积极学习,树立公民道德观念,科学、合理使用农药。

（二）加强农药残留监测

开展全面、系统的农药残留监测工作能够及时掌握农产品中农药残留的状况和规律，查找农药残留形成的原因，为政府部门提供及时有效的数据，为政府职能部门制定相应的规章制度和法律法规提供依据。

（三）加强法治管理

加强《农药管理条例》《农药合理使用准则》《中华人民共和国农产品质量安全法》等有关法律法规的贯彻执行，加强对违反有关法律法规行为的处罚，是防止农药残留超标的有力保障。

（四）食品安全指标

**1. 容许最大限量（permissible level）**

容许最大限量即在新鲜食品中允许的最大残留限值：

$$PL = \frac{X \times 50}{S \times F}$$

式中：$X$——日摄取量；

$S$——安全系数；

$F$——食品的消费量。

**2. 可接受的日摄入量（acceptable daily intake，简称 ADI）**

可接受的日摄入量指一生中，对消费者健康没有可感知危险的日摄入量［单位为 mg/（kg·d）］。

**3. 临时可接受日摄入量（TADI）**

临时可接受日摄入量指可以获得足够的以致额外的生化、毒性以及其他所需数据而确定的有限时期内可接受的日摄入量，TADI ＞ ADI。

**4. 最大残留限量**

最大残留限量指食品或动物饲料中允许的农药残留物的最大浓度（mg/kg），它是根据在毒理学上认为可以接受的食品农药残留量制定的。

## 五、农药残留检测技术类别

**1. 生物测定技术**

生物测定技术主要利用指示生物的生理生化反应来判断农药残留及其污染情况。例如，可以用实验室养的敏感性家蝇为测定材料，以其接触待测样品后的中毒程度来表示该样品中的杀虫剂残留；以病菌生长受抑制的程度来检测杀菌剂的残留，以玉米或其他指示植物根长受抑制的程度来检测土壤中磺酰脲类除草剂残留等。该方法样品前处理比较简单、快速或无须进行前处理，但对指示生物要求较高，测定结果不能确定农药品种，并且可能出现假阳性或假阴性的情况。该方法可作为快速检验方法用于检测农产品引起的中毒或在现场使用。

**2. 理化检测**

用于农药残留的化学检测方法有分光光度法、极谱法、原子吸收光谱法、薄层层析法、气相色谱法、液相色谱法、同位素标记法、核磁共振波谱法、色谱-质谱联用法等。自 20 世纪 90 年代以来，现代化学分析技术日新月异，许多新技术已进入实用阶段，如毛细管电泳仪技术（CE）、气相色谱-质谱联用技术（GC-MS）、液相色谱-质谱联用技术（HPLC-MS）、超临界流体色谱技术（SFC）、直接光谱分析技术等。这些新技术的应用，大大提高农药残留分析的灵敏度，简化了分析步骤，提高了分析效率。但是，这些分析方法有的灵敏度不高，如分光光度法、薄层层析法等；有的需要昂贵的仪器，如色质联用法、核磁共振波谱法等；还有的需要特殊的设备，如同位素标记法等。因此，目前，普遍采用的还是气相色谱法和液相色谱法，它们具有简便、快速、灵敏以及稳定性和重现性好、线性范围宽、耗资低等优点。

（1）气相色谱法（GC）

气相色谱法是采用气体作流动相的色谱法，用于挥发性农药的检测，具有高选择性、高分离效能、高灵敏度、快速的特点，是农药残留量检测常用的方法之一，目前用于农药残留检测的检测器主要有电子捕获检测器（ECD）、微池电子捕获检测器（u-ECD）、火焰光度检测器（FPD）、脉冲火焰光度检测器（P-FPD）、氮磷检测器（NPD）等。

（2）高效液相色谱法（HPLC）

高效液相色谱法是采用液体作流动相的一种色谱法，它可以分离检测极性强、分子量大及离子型的农药，可用于不易气化或受热易分解的农药的检测。近年来，该方法采用新型高效固定相、高压泵和高灵敏度的检测器，柱前和柱后衍生技术，以及计算机联用等，大大提高了检测效率、灵敏度、速度和操作自动化程度。目前用于农药残留检测最多的是紫外吸收检测器（UV）、二极管阵列检测器（DAD）和荧光检测器（FLD）。

（3）气相色谱-质谱联用技术（GC-MS）和液相色谱-质谱联用技术（HPLC-MS）

气相或液相色谱与质谱联用，既具备了色谱的高分离效能优点，又具备了质谱准确鉴定化合物结构的特点，可同时达到定性、定量的检测目的，特别适用于农药代谢物、降解物的检测和多残留检测等，不过此法需要贵重仪器且操作繁杂困难，不适用于经常性的检测，一般可用来做最后的确认工作。

（4）超临界流体色谱技术（SFC）

超临界流体色谱是以超临界流体作为流动相的色谱体系，超临界流体处于气液不分的状态，兼有气体和液体的某些物理特性。因此，超临界流体色谱既有气相色谱快速、高效、灵敏的特点，又有能检测对热不稳定和大分子化合物的液相色谱的特点。

（5）毛细管电泳法（CE）

该方法是利用毛细管及高电压（15～30 kV）分离各种农药残留物，非常适合一些难以用传统色谱法分离的离子化样品的分离和分析，具有比 HPLC 高 10～1000 倍的分析能力，而且所需缓冲液具有不危害环境的特点，在短时间（30 min）内就可以完成定性及定量分析。

**3. 快速检测方法**

（1）酶抑制法

有机磷与氨基甲酸酯农药同为神经系统乙酰胆碱酯酶抑制物，因此可以利用农药靶标酶——乙酰胆碱酯酶（AChE）受抑制的程度来检测有机磷和氨基甲酸酯类农药。该方法目前已开发出了相应的各种速测卡和速测仪。采用该方法检测时，蔬菜中的水分、碳水化合物、蛋白质、脂肪等物质不会对农药残留物的检测造成干扰，不必进行分离去杂，节省了大量预处理时间，从而能达到快速检测的目的，因此该方法具有快速方便、前处理简单、不需要仪器或仪器相对简单的特点，适用于现场的定性和半定量测定。目前的农药残留快速检测就是用了该方法，已上升为相关行业标准。但该方法只能用于测定有机磷和氨基甲酸酯类杀虫剂,其灵敏度和所使用的酶、显色反应时间和温度密切相关,经酶抑制法检测出阳性后,需用标准仪器检验方法进行进一步检测,以鉴定残留农药品种及准确残留量。

（2）免疫分析法

免疫分析法有放射性免疫分析、酶免疫分析、多组分分析物免疫分析、免疫传感器分析等。最为常用的是酶联免疫法(ELISA 法),它是以抗原与抗体的特异性、可逆性结合反应为基础的农药残留检测方法。该法利用化学物质在动物体内能产生免疫抗体的原理,先将小分子农药化合物与大分子生物物质结合成大分子,做成抗原,并使之在动物体内产生抗体,对抗体筛选制成试剂盒,通过抗原与抗体之间发生的酶联免疫反应,依靠比色来确定农药残留,它具有专一性强、灵敏度高、快速、操作简单等优点,试剂盒可广泛用于现场样品和大量样品的快速检测,可准确定性、定量。但由于受到农药种类多、抗体制备难度大、在不能肯定样本中的农药残留种类时检测有一定的盲目性,酶联免疫法的应用范围受到较大的限制。

（3）速测灵法（化学速测法）

速测灵法应用的原理是具有强催化作用的金属离子催化剂,使各类有机磷农药(磷酸酯、二硫代磷酸酯等)在催化作用下水解为磷酸与醇,水解产物与显色剂反应,使显色剂的紫红色褪去变成无色。这种方法采用化学反应原理,避免了通常所使用生化方法(酶法)的缺点(酶的制备、保存以及反应需比较严格的条件),灵敏度也达到一定的要求。但是此方法主要针对的是甲胺磷、对硫磷等较高毒性的有机磷农药残留的定性检测。

该方法的特点是操作简便、价格便宜、检测速度快,通过进一步改善试剂性能,规范测定技术,可提高检测的灵敏度和准确性,从而为当前广大城乡农产品生产和销售者所青睐。

## 六、几种检测农药残留方法的比较

气相色谱法:目前比较权威的方法,可以精确定量,可测出多种不同种类农药。但检测成本高,仪器操作需要依靠专业人员,前处理要求较高,时间长。

生物测定技术:不需要仪器,无须前处理,对各种毒物都可以测定。但难以找到与该产品同时种植的未施农药产品做对照,只能估算,不能精确定量分析,受很多因素影响。

免疫分析法:特异性强,灵敏度高,快速简便,可准确定性、定量,适用于现场检测。但抗体制备比较困难,不能肯定试样中的农药品种时,有一定的盲目性,易出现假阴、假阳性现象。

酶抑制法:使用残毒速测箱,不需要大型设备和专业人员,成本较低,酶片保存时间长,但其灵敏度低,不能定量。

比色法:灵敏度高,操作简便,检测快,可检测多种残毒综合量,酶易失活,但其不易保存,检测时受温度影响,需要控制的条件较多。

传感器法:灵敏度高,仪器自动化程度高,响应时间短,适合现场检测。但该方法选择性有限,原理单一(仅限于胆碱酯酶的功能被抑制),生物材料固定化,易失活。

速测灵法:速度快、成本低、操作简便、针对性强,尤其适用于现场检测。但其适用范围小,仅限于果蔬的有机磷农药残留检测。

## 第二节　食品中农药残留的检测

### 一、有机氯农药残留的检测

**(一)有机氯农药的性质及常见品种**

有机氯农药是农药中一类有机含氯化合物,一般分为五大类。

①DDT 类:氯化苯及其衍生物,包括 DDT、六六六。

②氯化甲撑萘类:七氯、艾氏剂、狄氏剂。

③七零五四:纯品为白色晶体,微溶于水,易溶于某些有机溶剂。主要用于杀灭蚊蝇。蓄积在动植物脂肪中,通过食物链进入人体。中毒症状为乏力、失眠、眩晕、恶心等,长期接触可影响中枢神经系统及肝脏。

④氯丹:纯品为无色或淡黄色液体,微溶于水,易溶于某些有机溶剂。中毒情况同七零五四。

⑤林丹(又名高丙体六六六):本品为无色晶体,不溶于水,溶于大多数有机溶剂。中毒情况同七零五四。主要用于粮食、蔬菜、果树、烟草、森林。

目前仍有一些国家使用林丹,由于有机氯性质稳定,在水域、土壤中仍有残留,并会在较长时间内继续影响人体健康。

**(二)有机氯农药的结构及理化性质**

**1. 六六六**

六六六分子式为 $C_6H_6Cl_6$,化学名为六氯环己烷、六氯化苯,英文名为 benzene hexachloride(简称 BHC)。BHC 有多种异构体,其常见的异构体化学结构式为:

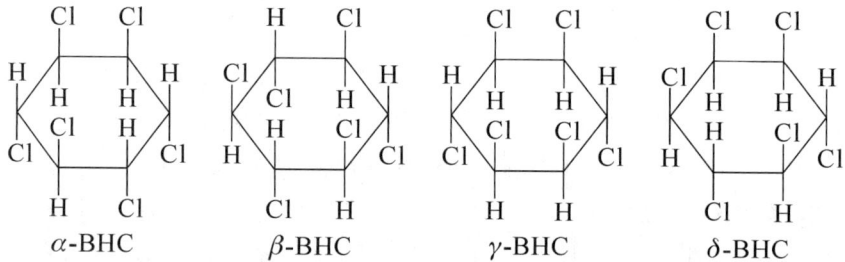

$\alpha$-BHC　　　　$\beta$-BHC　　　　$\gamma$-BHC　　　　$\delta$-BHC

BHC 为白色或淡黄色固体,纯品为无色无臭晶体,工业品有霉臭气味,在土壤中半衰期为 2 年,不溶于水,易溶于脂肪及丙酮、乙醚、石油醚及环己烷等有机溶剂。BHC 对光、热、空气、强酸均很稳定,但对碱不稳定($\beta$-BHC 除外),遇碱能分解(脱去 HCl)。

$$C_6H_6Cl_6 + 3KOH \longrightarrow C_6H_3Cl_3 + 3KCl + 3H_2O$$

**2. 滴滴涕**

滴滴涕分子式为 $C_{14}H_9Cl_{15}$,化学名为 2,2-双(对氯苯基)-1,1,1-三氯乙烷、二氯二苯三氯乙烷,简称二二三,英文名为 dichlorodiphenyltrichloroethane,简称 DDT。根据苯环上 Cl 的取代位置不同形成如下几种异构体:

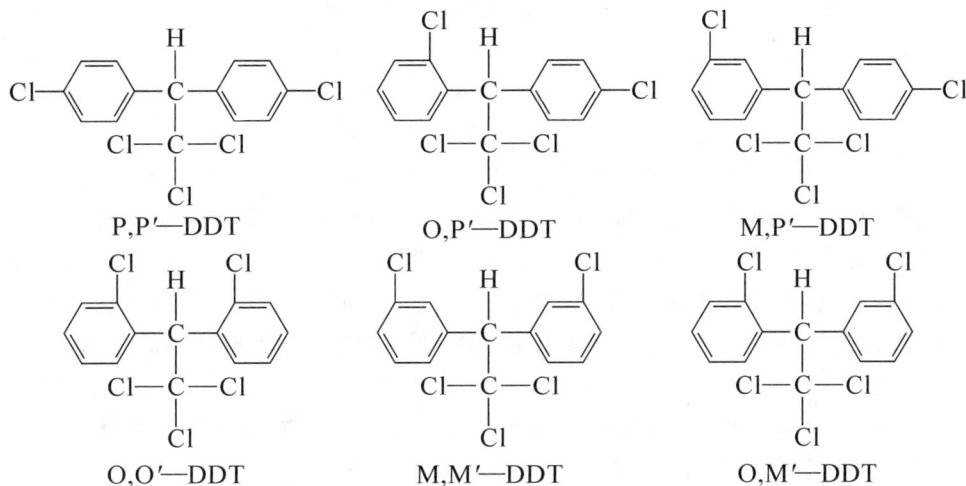

P,P'—DDT　　　　O,P'—DDT　　　　M,P'—DDT

O,O'—DDT　　　　M,M'—DDT　　　　O,M'—DDT

DDT 产品为白色或淡黄色固体,纯品 DDT 为白色结晶,熔点为 108.5～109 ℃,在土壤中的半衰期为 3～10 年(在土壤中消失 95％需 16～33 年)。不溶于水,易溶于脂肪及丙酮、$CCl_4$、苯、氯苯、乙醚等有机溶剂。DDT 对光、酸均很稳定,对热亦较稳定,但温度高于本身的熔点时,DDT 会脱去 HCl 而生成毒性小的 DDE,对碱不稳定,遇碱亦会脱去 HCl。

1874 年人工合成 DDT,1939 年瑞士化学家穆勒发现了 DDT 的杀虫作用,并因此获得了 1948 年的诺贝尔奖。

在第二次世界大战中及战后的欧洲和亚洲,DDT 用于杀灭传播疟原虫的蚊子,挽救了众多人的生命。DDT 在生物体内富集作用很强。例如水鸟体内 DDT 残留为 25 mg/kg,比 DDT 污染的水要高出 800 万～1000 万倍。DDT 的污染是全球性的,在人迹罕至的南极的企鹅、海豹,北极的北极熊,甚至未出世的胎儿体内均可检出 DDT 的存在。

**3. 样品的预处理**

①提取:用丙酮、己烷、乙醚、石油醚等。

②净化:用 $H_2SO_4$ 磺化处理,除脂肪、蜡质、色素等。

③浓缩:K-D 减压浓缩。

检验标准为《食品中有机氯农药多组分残留量的测定》(GB/T 5009.19—2008)。

## 二、有机磷农药残留及其检测

### (一)有机磷农药的特性及种类

**1. 常见的有机磷农药及其结构**

有机磷农药(organophosphorus pesticides)是农药中一类含磷的有机化合物,目前大量生产与使用的有 10 多种,按其毒性可分成高毒、中等毒及低毒三类;按其结构则可划分为磷酸酯及硫代磷酸酯两大类,其结构通式如下:

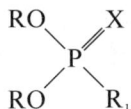

根据 R、$R_1$ 及 X 等基团的不同,可构成不同的有机磷农药。

**2. 有机磷农药的理化性质**

有机磷农药中,除敌百虫、乐果为白色晶体外,其余有机磷农药的工业品均为棕色油状。有机磷农药有特殊的蒜臭味,挥发性大,对光、热不稳定,并具有如下性质。

①溶解性:由于各种有机磷农药的极性强弱不同,故对水及各种有机溶剂的溶解性能也不一样,但多数有机磷农药难溶于水,可溶于脂肪及各种有机溶剂,如疏水性有机溶剂,包括丙酮、石油醚、正己烷、氯仿、二氯甲烷及苯等;亲水性有机溶剂,包括乙酯、二甲基亚砜等。

②水解性:因有机磷农药属酯类(磷酸酯或硫代磷酸酯),故在一定条件下能水解,特别是在碱性介质、高温、水分含量高等环境中更易水解。如敌百虫在碱性溶液中易水解为毒性较大的敌敌畏。

③氧化性:有机磷农药中,硫代磷酸酯农药在溴作用下或在紫外线照射下,分子中的 S 易被 O 取代,生成毒性较大的磷酸酯。

**3. 样品预处理**

(1)提取

一般根据有机磷农药与样品的种类,选择适当的提取溶剂与提取方法。用乙腈、丙酮、氯仿或二氯甲烷等提取。

(2)净化

将样品提取液经乙腈或二甲基亚砜分配提取后,再用柱色谱净化,柱中吸附剂可由活性炭、氧化铝、弗罗里硅土、无水 $Na_2SO_4$ 或硅藻土等按一定比例组成。

目前,国际上许多国家与组织[包括 FDA(美国食品药品监督管理局)、AOAC]大量使用由 Storher 和 Watts 在 1965 年提出的,后经多次改进的扫集共蒸馏法(sweep co-distillation)来净化有机磷农药样品提取液。

(3)浓缩

采用 K-D 减压浓缩。

**(二)有机磷农药的检测——GC 法测定(氮磷检测器)**

几种有机磷农药的检测标准如下:马拉硫磷的检测标准为《食品安全国家标准 食品中氰化物的测定》(GB 5009.36—2023)、倍硫磷的检测标准为《食品中有机磷农药残留量的测定》(GB/T 5009.20—2003)、甲胺磷的检测标准为《植物性食品中甲胺磷和乙酰甲胺磷农药残留量的测定》(GB/T 5009.103—2003)。

### 三、氨基甲酸酯类农药残留及其检测

**(一)氨基甲酸酯类农药的性质及常用品种**

氨基甲酸酯类农药可视为氨基甲酸的衍生物,氨基甲酸是极不稳定的,会自动分解为 $CO_2$ 和 $H_2O$,但氨基甲酸盐和氨基甲酸酯均相当稳定,该类农药通常具有以下通式:

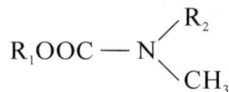

$$R_1OOC - N \begin{matrix} R_2 \\ CH_3 \end{matrix}$$

$R_2$ 是氢或者是一个易于被化学或生物方法断裂的基团。

大多数氨基甲酸酯类的纯品为无色和白色晶状固体,易溶于多种有机溶剂中,但在水中溶解度较小,只有少数如涕灭威、灭多虫等例外。氨基甲酸酯一般没有腐蚀性,其贮存稳定性很好,只是在水中能缓慢分解,提高温度和碱性时分解速度加快。

常见的氨基甲酸酯农药有:甲萘威(carbaryl)、戊氰威(nitrilacarb)、呋喃丹(carbofuran)、仲丁威(fenobucarb)、异丙威(isoprocarb)、速灭威(metolcarb)、残杀威(propoxur)、涕灭威(aldicarb)、抗蚜威(pirimicarb)、灭虫威(methiocarb)、灭多威(methomyl)、恶虫威(bendiocarb)、硫双灭多威(thiodicarb)、双甲脒(amitraz)等。

在农业生产与日常生活中,这些氨基甲酸酯农药主要用作杀虫剂、杀螨剂、除草剂、杀软体动物剂和杀线虫剂等。20世纪70年代以来,由于有机氯农药受到禁用或限用,且抗有机磷农药的昆虫品种日益增多,氨基甲酸酯的用量逐年增加,使得氨基甲酸酯的残留情况备受关注。

(二)氨基甲酸酯类农药残留的测定

GC-ECD法测定氨基甲酸酯类农药残留与本节有机磷农药残留的气相色谱测定方法相同,详见《植物性食品中有机磷和氨基甲酸酯类农药多种残留的测定》(GB/T 5009.145—2003)。

## 四、拟除虫菊酯类农药残留及其检测

(一)拟除虫菊酯的特性及常用品种

拟除虫菊酯(pyrethroids)是近年来发展较快的一类重要的合成杀虫剂。拟除虫菊酯分子较大,亲脂性强,可溶于多种有机溶剂,在水中的溶解度小,在酸性条件下稳定,在碱性条件下易分解。拟除虫菊酯具有高效、广谱、低毒和生物降解等特性,用其制成的杀虫剂在光和土壤微生物的作用下易转变成极性化合物,不易造成污染。拟除虫菊酯在化学结构上具有的共同特点之一是分子结构中含有数个不对称碳原子,因而包含多个光学和立体异构体。这些异构体又具有不同的生物活性,即使同一种拟除虫菊酯,总酯含量相同,若包含的异构体的比例不同,杀虫效果也大不相同。

常见的拟除虫菊酯有:烯丙菊酯(allethrin)、胺菊酯(tetramethrin)、醚菊酯(ethofenprox)、苯醚菊酯(phenothrin)、甲醚菊酯(methothrin)、氯菊酯(permethrin)、氯氰菊酯(cypermethrin)、溴氰菊酯(deltamethrin)、氰菊酯(fenpropanate)、杀螟菊酯(phencyclate)、氰戊菊酯(fenvalerate)、氟氰菊酯(flucythrin)、氟胺氰菊酯(fluvalinate)、氟氰戊菊酯(flucythrinate)、溴氟菊酯(brofluthrinate)等。

目前,已合成的菊酯数以万计,迄今已商品化的拟除虫菊酯有近40个品种,在全世界的杀虫剂销售额中占20%左右。拟除虫菊酯主要应用在农业上,如防治棉花、蔬菜和果树的食叶和食果害虫,特别是在害虫对有机磷、氨基甲酸酯出现抗药性的情况下,其优点更为明显。除此之外,拟除虫菊酯还作为家庭用杀虫剂被广泛应用,它可防治蚊蝇、蟑螂及牲畜寄生虫等。

(二)拟除虫菊酯残留的检测

拟除虫菊酯残留的检测可参考本节有机氯农药残留的检测,详见《植物性食品中有机氯和拟除虫菊酯类农药多种残留量的测定》(GB/T 5009.146—2008)。

# 第二部分　气质联用法

## 一、基本概述

气质联用法是气相色谱-质谱联用技术（GC-MS）的简称，是将气相色谱仪器（GC）与质谱仪（MS）通过适当接口（interface）相结合，借助计算机技术，进行联用分析的技术（气相色谱将复杂混合物分离成单组分后进入质谱进行分析检测）。GC-MS是最成熟的两谱联用技术。

气相色谱（gas chromatography，GC）具有极强的分离能力，但它对未知化合物的定性能力较差。

质谱（mass spectrometry，MS）对未知化合物具有独特的鉴定能力，且灵敏度极高，但它要求被检测组分一般是纯化合物。

GC-MS联用，其GC部分用来分离多组分的混合物，而MS部分则对各组分进行分析。

GC与MS联用，彼此扬长避短，既弥补了GC仅凭保留时间难以对复杂化合物中未知组分做出可靠的定性鉴定的缺点，又利用了鉴别能力很强且灵敏度极高的MS作为检测器分辨能力高、灵敏度高和分析过程简便快速的特点，GC-MS在环保、医药、农药和兴奋剂等领域具有越来越重要的作用，是分离和检测复杂化合物的有力工具之一。

GC-MS与气相色谱法的区别如下。

①GC-MS的定性参数较多，定性可靠。

②GC-MS的检测灵敏度远高于气相色谱法的其他检测器。

③GC-MS可分离气相色谱法不能分离的化合物，降低噪声、提高信噪比。

④一般来说，质谱仪器定量不如气相色谱，但是采用同位素稀释和内标等技术的GC-MS可以达到较高精度的定量分析。

⑤对于复杂多组分混合物的分析，单种方法是难以进行的，往往需要两种或两种以上分析方法才能有效进行。其中气相色谱、质谱的灵敏度都很高，最小检测量接近，被分析样品都必须气化，所以GC-MS更为适宜，成为开发最早的色谱联用仪器，在所有联用技术中发展相对完善。这种技术发展较快，为未知混合组分定性鉴定、分子结构的准确判断提供了一种更加完善的手段。目前，从事有机物质分析的实验室几乎都把GC-MS作为主要的定性确认手段之一，在很多情况下也将其用于定量分析。

## 二、GC-MS的发展历程

1957年霍姆斯和莫雷尔首次实现了GC和MS联用后，这一技术得到快速发展，是联用技术中最完善、应用最广泛的技术，最早实现商品化。

GC-MS在分析检测和科研的许多领域起着重要作用，特别是在许多有机化合物常规检测工作中成为一种必备工具，在环保、卫生、食品、农业、石油、化工等行业得到广泛应用。

## 三、GC-MS的应用

GC-MS的应用范围如下。

①如环保领域在检测许多有机污染物，特别是一些低浓度的有机化合物，如二噁英等的标准方法就规定用GC-MS。

②药物研究、生产、质控以及进出口的许多环节中都要用到 GC-MS。

③法庭科学中对燃烧、爆炸现场的调查,对案发现场各种残留物的检测,如纤维、呕吐物、血迹等检验和鉴定,无一不用到 GC-MS。

④工业生产许多领域如石油、食品、化工等行业都离不开 GC-MS,例如食品分析中,农药(有机氯、有机磷、氨基甲酸酯等)、兽药(抗生素、抗寄生虫、激素等)、添加剂(色素、调味剂、防腐剂、抗氧化剂等)、毒素、化学污染物(黄曲霉毒素、二噁英、多氯联苯等)的检测。

⑤竞技体育运动中,用 GC-MS 进行的兴奋剂检测起着越来越重要的作用。

气质联用色谱仪工作流程如图 5-1 所示。

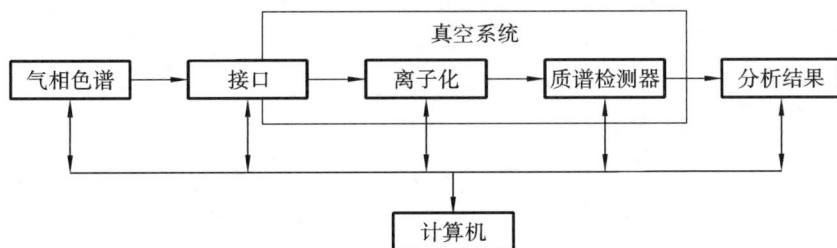

**图 5-1　气质联用色谱仪工作流程图**

气相色谱仪,通过对欲检测混合物中组分有不同保留性能的气相色谱柱,使各组分分离,依次导入检测器,以得到各组分的检测信号。按照导入检测器的先后次序,经过对比,可以区别出是什么组分,根据峰高度或峰面积可以计算出各组分含量。通常采用的检测器有热导检测器、火焰离子化检测器、氦离子化检测器、超声波检测器、光离子化检测器、电子捕获检测器、火焰光度检测器、电化学检测器、质谱检测器等。气相色谱仪工作流程如图 5-2 所示。

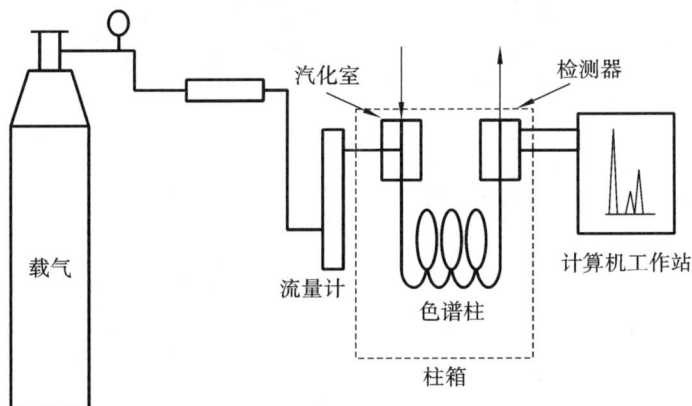

**图 5-2　气相色谱仪工作流程图**

质谱分析法是通过对被测样品离子的质荷比的测定来进行分析的一种分析方法。被分析的样品首先要离子化,然后利用不同离子在电场或磁场的运动行为的不同,把离子按质荷比($m/z$)分开而得到质谱,通过样品的质谱和相关信息,可以得到样品的定性定量结果。质谱仪器工作流程如图 5-3 所示。

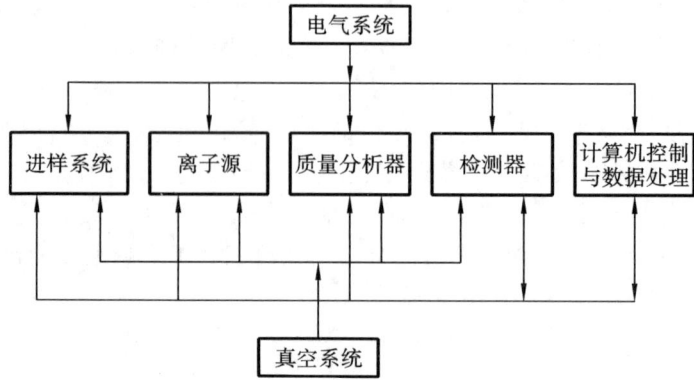

图 5-3　质谱仪器工作流程图

# 项目六　菌落总数的测定

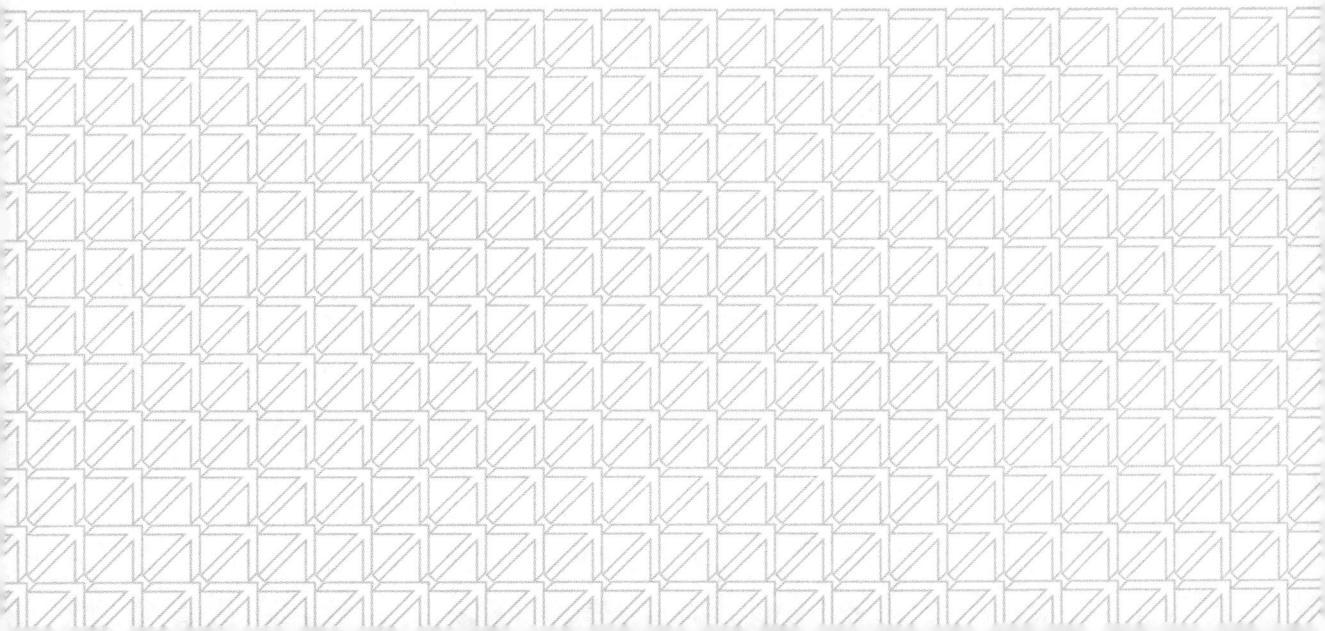

# 模块一  工作任务书

## 一、项目基本情况

| 工作任务名称 | 项目六  菌落总数的测定 | | |
|---|---|---|---|
| 工作时间 | 12 课时 | 工作小组及<br>成员名单 | |
| 指导教师 | 石昕 | 工作地点 | 企业现场、青职检测公司接样室 |
| 工作任务描述 | 夏天到了,气温越来越高,为了保证师生饮食安全,青职检测公司面向学校食堂开展食品卫生微生物检测工作。 | | |
| | 任务要求:<br>1.通过网络检索设计一份采样记录单,并正确填写;<br>2.设计并正确填写样品交接单;<br>3.通过国标检索,完成菌落总数检测方案的撰写;<br>4.团队合作完成菌落总数测定;<br>5.完成检测报告。 | | |
| 能力目标 | 1.能够熟练地查阅文献,确定检测方案;<br>2.小组协作顺利完成检测;<br>3.能够出具完整的检测报告。 | | |

## 二、资讯内容

| 序号 | 自主查阅资料或学习内容 | 资料来源 |
|---|---|---|
| | | |
| | | |
| | | |
| | | |
| | | |
| | | |
| | | |

## 三、工作心得

1.本项目完成过程中你最感兴趣的是什么？

2.完成本项目你最大的收获是什么？

3.下一个项目中,你打算在哪些方面作重点改进？

4.完成本项目过程中,你遇到了哪些障碍？你又采取了哪些措施解决障碍？

# 模块二　检测报告模板

报告编号：

# 检测报告

样 品 名 称：_____

委 托 单 位：_____

检 验 小 组：_____

检 验 组 长：_____

检 验 组 员：_____

_____

青岛职业技术学院

20＿＿＿年＿＿＿月＿＿＿日

# 注意事项

三十三、报告无"检测报告专用章"或者检验单位公章无效。

三十四、复制报告未重新加盖"检测报告专用章"或者检验单位公章无效。

三十五、报告无主检、审核、批准人签字作无效处理。

三十六、报告涂改无效。

三十七、对检测报告若有异议，应于收到报告之日起十五日内向检测单位提出，逾期不予受理。

三十八、一般情况下，委托检验只对来样负责。

三十九、未经检测小组组长许可，不得随意更改。

四十、解释权归检测中心所有。

地址：

电话：

邮政编码：

# 检验报告

| 产品名称 | | 型号规格 | |
|---|---|---|---|
| | | 商标 | |
| 制造商 | | 样品外观 | |
| 采样日期 | | 检验日期 | |
| 检验依据 | | | |
| 检验项目 | | | |
| 检验结论 | | | |
| | | 签发日期： 年 月 日 | |
| 备注 | | | |
| 检测员 | | | |
| | | 日期： | |
| 审核： | | 复审： | |

## 检验项目及检测结果（可根据需要加页）

| 项目编号 | 检测项目 | 标准编号 | 具体内容及过程 | 检测结果 |
|---|---|---|---|---|
| 1 | | | | |
| 2 | | | | |

# 模块三　知识乐园

## 第一节　概述

### 一、食品卫生微生物检验的意义

食品中丰富的营养成分为微生物的生长、繁殖提供了充足的物质基础,食品在微生物的作用下会腐败变质,失去其应有的营养成分。更重要的是,一旦人们食用了被有害微生物污染的食品,会发生各种中毒的现象,如各类细菌性食物中毒、真菌性食物中毒,严重的会危及生命。因此,在食用之前,对食品进行食品卫生微生物检验,是鉴定食品质量、确保安全的一项重要工作,也是食品卫生标准中的一个重要内容。

### 二、常见食品污染类型

食物在生产、加工、运输、销售、烹调等每个环节,都可能受到环境中各种有害物质的污染,从而降低营养价值和卫生质量,给人体健康带来不同程度的危害。食用被污染的食品导致机体损害,常表现为急性中毒、慢性中毒以及致畸、致癌、致突变的"三致"病变。

常见食品污染主要有以下三类。

**1. 生物性污染**

生物性污染包括细菌性污染、病毒及寄生虫污染、霉菌及霉菌毒素污染。各种致病菌大多存在于动物性食物中,如海水产品易受嗜盐菌污染,肉类、蛋类易受沙门氏菌污染等。

霉菌主要污染粮油作物,如黄曲霉毒素等有强烈的致癌性。畜肉中常见的寄生虫污染食品后,如食用前未烧熟煮透,囊尾蚴、旋毛虫等寄生虫会在身体组织内繁殖,而诱发相应的寄生虫病。

**2. 化学性污染**

食品中化学性污染的来源广、品种多、成分复杂,主要包括农药残留物,各种有害金属和非金属,以及其他污染物如亚硝基化合物、多环芳烃类等;滥用食品添加剂,使用有毒的食品容器及包装材料等也可造成化学性污染。

化学性污染物对人体的危害分为急性危害、慢性危害和远期危害。急性危害会表现为集体性食物中毒,其污染物有农药、金属铅、铜、砷、汞等。慢性危害主要发生在对砷、汞、镉等金属的长期摄食。远期危害主要表现为"三致"(致癌、致畸、致突变)病变。

**3. 放射性污染**

放射性污染为使用放射性物质的生产活动和医疗、科学实验的放射性废物排放,以致超过安全限量造成对人体健康的危害。现代家庭居室中的装饰材料、地面使用的大理石等也含有一定的放射性物质,也应引起足够的重视。

### 三、微生物污染食品的途径

食品在生产加工、运输、贮藏、销售以及食用过程中都可能遭受到微生物的污染,其污染的途径可分为两大类。

（一）内源性污染

凡是作为食品原料的动植物体在生活过程中，由于本身带有的微生物而造成的污染称为内源性污染，也称第一次污染。如畜禽在生活期间，其消化道、上呼吸道和体表总是存在一定类群和数量的微生物。当受到沙门氏菌、布氏杆菌、炭疽杆菌等病原微生物感染时，畜禽的某些器官和组织内就会有病原微生物的存在。当家禽感染了鸡白痢、鸡伤寒等传染病，病原微生物可通过血液循环侵入卵巢，在蛋黄形成时造成污染，使家禽所产的卵中也含有相应的病原菌。

（二）外源性污染

食品在生产加工、运输、贮藏、销售、食用过程中，通过水、空气、人、动物、机械设备及用具等而发生的微生物污染称外源性污染，也称第二次污染。

**1. 通过水污染**

在食品的生产加工过程中，水既是许多食品的原料或配料成分，也是清洗、冷却、冰冻食品不可缺少的物质，设备、地面及用具的清洗也需要大量用水。各种天然水源包括地表水和地下水，不仅是微生物的污染源，也是微生物污染食品的主要途径。自来水是天然水净化消毒后而供饮用的，在正常情况下含菌较少，但如果自来水管出现漏洞、管道中压力不足以及暂时变成负压，则会引起管道周围环境中的微生物渗漏进入管道，使自来水中的微生物数量增加。在生产中，即使使用符合卫生标准的水源，由于方法不当也会导致微生物的污染范围扩大。如在屠宰加工场中的宰杀、除毛、开膛取内脏的工序中，皮毛或肠道内的微生物可通过用水的散布而造成畜体之间的相互感染。生产中所使用的水如果被生活污水、医院污水或厕所粪便污染，微生物数量就会骤增，水中不仅会含有细菌、病毒、真菌、钩端螺旋体，还可能会含有寄生虫。用这种水进行食品生产会造成严重的微生物污染，同时还可能造成其他有毒物质对食品的污染，所以水的卫生质量与食品的卫生质量有密切关系。食品生产用水必须符合饮用水标准，采用自来水或深井水。循环使用的冷却水要防止被畜禽粪便及下脚料污染。

**2. 通过空气污染**

空气中的微生物可能来自土壤、水、人及动植物的脱落物和呼吸道、消化道的排泄物，它们可随着灰尘、水滴的飞扬或沉降而污染食品。人体的痰沫、鼻涕与唾液的小水滴中所含有的微生物包括病原微生物，当有人讲话、咳嗽或打喷嚏时均可直接或间接污染食品。人在讲话或打喷嚏时，距人体 1.5 m 内的范围是直接污染区，大的水滴可悬浮在空气中达 30 min 之久，小的水滴可在空气中悬浮 4~6 h，因此暴露在空气中的食品被微生物污染是不可避免的。

**3. 通过人及动物接触污染**

从事食品生产的人员，如果他们的身体、衣帽不经常清洗，不保持清洁，就会有大量的微生物附着其上，通过皮肤、毛发、衣帽与食品接触而造成污染。食品在加工、运输、贮藏及销售过程中，如果被鼠、蝇、蟑螂等直接或间接接触，同样会造成食品的微生物污染。试验证明，每只苍蝇带有数百万个细菌，80%的苍蝇肠道中带有痢疾杆菌，鼠类粪便中带有沙门氏菌、钩端螺旋体等病原微生物。

**4. 通过加工设备及包装材料污染**

食品的生产加工、运输、贮藏过程中所使用的各种机械设备及包装材料，在未经消毒或灭菌前,总是会带有不同数量的微生物而成为微生物污染食品的途径。在食品生产过程中,通过未经消毒灭菌的设备越多,造成微生物污染的机会越大。已经过消毒灭菌的食品,如果使用的包装材料未经过无菌处理,则会造成食品的重新污染。

## 四、食品微生物检测的范围

### 1. 生产环境的检验

生产环境的检验包括车间用水、空气、地面、墙壁等的微生物学检验。

### 2. 原辅料的检验

原辅料的检验包括主料、辅料、添加剂等一切原辅材料的微生物学检验。

### 3. 食品加工、储藏、销售环节的检验

食品加工、储藏、销售环节的检验包括生产工人的卫生状况、加工工具、运输车辆、包装材料等的微生物学检验。

### 4. 食品的检验

食品的检验重点是对出厂食品、可疑食品及导致食物中毒的食品的检验。

## 五、食品卫生微生物检验的种类

### 1. 感官检验

感官检验主要是通过观察食品表面有无霉斑、霉状物、粒状物、粉状物、毛状物,色泽是否变灰、变黄等,有无霉味及其他异味,食品内部是否生霉变质,从而确定食品的霉变程度。

### 2. 直接镜检

直接镜检是对送检样品在显微镜下进行菌体测定计数。

### 3. 培养检验

培养检验是根据食品的特点和分析目的选择适宜的培养方法求得带菌量。

## 六、在食品生产中常用杀菌方法

### 1. 超高压杀菌技术

食品超高压杀菌(高静水压杀菌)就是食品物料以某种方式包装完好后,放入液体介质(通常是食用油、甘油、油与水的乳液)中,在 $100\sim1000$ MPa 压力下作用一定时间后,使之达到灭菌的要求。其灭菌的基本原理就是压力对微生物的致死作用,主要是通过破坏细胞膜抑制酶的活性和影响 DNA 等遗传物质的复制来实现。在 $400\sim600$ MPa 的压力下,可以杀灭细菌、酵母菌、霉菌,避免了一般高温杀菌带来的不良变化,因此,能更好地保持食品固有的色、香、味,达到延长保存期的效果。

### 2. 低温杀菌

低温杀菌是对食品中存在的微生物进行部分杀菌的加热方法,通常使用 $100$ ℃以下的温度。由于低温杀菌后,食品中的菌残存较多,为了延长产品的货架期,再使用冷藏、发酵、加入添加剂、脱氧等加工技术。该法主要适用于 pH 值在 $4.5$ 以下的酸性食品及采用较强加热处理会明显导致品质降低的食品。近几年,对牛奶及保存期较短的商品也采用该法。

### 3. 巴氏杀菌法

巴氏杀菌是温度比较低的热处理方式,一般在低于水沸点温度下进行。它是一门古老的技术,由 19 世纪法国微生物学家巴斯德首创,至今仍有一定的应用价值。

巴氏杀菌是最早的杀菌方法,利用热水作为传热介质。杀菌条件为加热温度 61～63 ℃、加热时间 30 min,或加热温度 72～75 ℃、加热时间 10～15 min。加热时应注意物料表面温度较内部温度低 4～5 ℃;此外,当表面产生气泡时,泡沫部分难以达到杀菌要求。这种杀菌方法,由于所需时间长,生产过程不连续,长时间受热容易使某些热敏成分变化,杀菌也不够理想,目前在大中型食品厂中已很少采用。

### 4. 超高温瞬间杀菌

一般加热温度为 125～150 ℃,加热时间为 2～8 s,加热后产品达到商业无菌要求的杀菌过程称为超高温瞬间杀菌,简称 UHT 杀菌。这种杀菌方法能在瞬间达到杀菌目的,杀菌效果特别好,几乎可以达到或接近灭菌要求,引起的化学变化很小。它具有提高处理能力、节约能源、缩小设备体积、稳定产品质量等优点,并可实现设备原地无拆卸循环清洗。

### 5. 微波杀菌

微波杀菌就是将食品经微波处理后,使食品中的微生物丧失活力或死亡,从而达到延长保存期的目的。一方面,当微波进入食品内部时,食品中的极性分子,如水分子等不断改变极性方向,导致食品的温度急剧升高而达到杀菌的效果。另一方面,微波能的非热效应在杀菌中起到了常规物理杀菌所没有的特殊作用,细菌细胞在一定强度微波场的作用下,改变了它们的生物性排列组合状态及运动规律,同时吸收微波能升温,使体内蛋白质同时受到无极性热运动和极性转动两方面的作用,使其空间结构发生变化或破坏,导致蛋白质变性,最终失去生物活性。因此,微波杀菌主要是在微波热效应和非热效应的作用下,使微生物体内的蛋白质和生理活性物质发生变异和破坏,从而导致细胞死亡。

### 6. 紫外线杀菌

紫外线的杀菌作用在于促使细胞质的变性。当微生物细胞吸入紫外线后,由于产生光化学作用,引起细胞内成分特别是核酸、原浆蛋白等发生化学变化,使细胞质变性。尤其是抑制 DNA 的复制和细胞分裂,使微生物细胞受伤甚至死亡。波长为 250～260 nm 的紫外线杀菌效果最强。

### 7. 臭氧杀菌

臭氧是一种在室温和冷冻温度下存在的淡紫色的、有特殊鱼腥味的气体,它在水中部分溶解,且溶解度随着温度的降低而增加;在常温下能自行降解产生大量的自由基,最显著的是氢氧根自由基,因而具有强氧化性的特点。

## 七、常用的食物保存方法

### 1. 糖渍、盐腌

盐腌、糖渍是常用的提高食品渗透压的保藏方法。它能造成微生物的高渗状态,夺取微生物体内的水分,使微生物不能生存。

盐腌,就是向食品中加入一定量的食盐来提高渗透压。鱼、肉、禽、蛋及各种瓜果、蔬菜,都可采用盐腌防腐。盐腌不仅可以防腐,还可以增加食品风味。在腌制食品时要注意盐的分量,过多会影响味道,过少则达不到防腐目的。一般腌制中食盐含量以 8%～10% 为宜。在此浓度上可抑制多种腐败菌和致病菌的繁殖。此外,腌制过程应尽量在低温环境条件下进行,以免腐败菌或致病菌在盐还没有充分浸入的部分繁殖。盐腌食品中所含的维生素 C 损失较多,其营养价值较原来低。

糖渍,是利用高浓度(60%)糖液作为高渗溶液来抑制微生物繁殖。此类食品必须在密封和干燥条件下保存。因为糖极易吸收空气中的水分,导致其防腐作用降低。常见的糖渍食品有果脯、蜜饯、果酱等。糖渍食品的营养也有一定程度的损失,但糖渍后的糖液仍可食用,所以溶于糖水中的营养物质不会丢失。

**2. 利用低温保藏食品**

降低环境温度是控制食品腐败变质的有效措施之一。因为低温可以有效地抑制微生物的繁殖作用,降低食品中酶的活性和减缓食品内化学反应的速度。

低温保藏食品的方法很多,在家庭中可以利用电冰箱、天然冰柜、天然冰,也可以利用深层地下水来降低食品温度。然而,低温保藏只能将食物中微生物的繁殖和酶的活性加以控制,使营养素的分解变慢,并不能杀灭微生物,也不能将酶破坏,食品的质量变化并未完全停止。所以,低温保藏食品应有一定期限,冷藏前食品要新鲜、质量好。存放食品时注意卫生,熟食品不要与天然冰直接接触。利用地下水降温时,水的质量应符合饮用水的标准。除此之外还要定期清洗冷藏设备。

冷藏温度随食物种类而异。鱼、肉、禽类食品以零摄氏度以下的温度最合适。蔬菜、水果类适宜保存于零摄氏度左右的环境中。

**3. 高温灭菌保藏食品的方法**

食品经高温处理后,能杀灭其中绝大部分微生物,同时破坏食品中酶的活性。如配合密封、真空、迅速冷却,可达到长期保存的目的。

高温灭菌保藏食品有两种方法。一是高温灭菌法,它适用于罐头食品的消毒。常用温度为 120 ℃,时长 30 min,有时为 60 min,有时甚至达到 90 min。每到夏季当西红柿大量上市时,许多家庭会做些西红柿酱贮存起来,就是采用了这种方法。二是巴氏消毒法,将食品在 60～65 ℃下加热 30 min,可杀灭一般致病性微生物,达到防病目的。近来采用高温瞬间巴氏消毒法,即在 80～90 ℃下加热 30 s 或 1 min。此法多用于消毒牛奶、酱油、饮料等。

高温灭菌的效果与温度的高低,加热的方式、时间,以及食品种类有关。高温处理后的食品仍有再受微生物污染的可能,因此要注意消毒后保存的条件和时间。

## 八、食品卫生微生物检验的指标

### (一)菌落总数

食品中菌落总数通常以每克、每毫升或每平方厘米食品表面积上的细菌个数来表示,但不考虑其种类。根据所用检测技术方法不同,菌落总数有两种表示方法:一是在严格规定的条件下,使适应这一条件的每个活菌总数细胞必须而且只能生成一个肉眼可见的菌落,经过计数所获得的结果称为该食品的菌落总数;二是将食品经过适当处理,在显微镜下对细菌细胞数进行直接计数,这样计数的结果,既包括活菌,也包括尚未被分解的死菌体,因此称为细菌总数。目前我国食品卫生标准中规定的细菌总数实际上就是指菌落总数。

检验菌落总数可以用来判断食品被污染的程度,还可以用来预测食品存放的期限。

### (二)大肠杆菌

大肠杆菌是好氧及兼性厌氧菌,在 37 ℃、24 h 能分解乳糖且产酸产气的革兰氏阴性无芽孢杆菌。检测大肠杆菌一则可以作为食品被粪便污染的指标,二则可以作为肠道致病菌污染食品的指标。

（三）致病菌

致病菌指肠道致病菌、致病性球菌、沙门氏菌等。食品卫生标准规定食品中不得检出致病菌，否则人们食用后会发生食物中毒，危害身体健康。

## 第二节 食品中的常见微生物

### 一、食品中常见的细菌属

#### （一）概述

细菌是一类细胞细而短（细胞直径约 $0.5~\mu m$，长度为 $0.5 \sim 5~\mu m$）、结构简单、细胞壁坚韧、以二分裂方式繁殖和水生性较强的原核微生物，其分布广泛，如图 6-1 所示。细菌的常见形态有球状、杆状和螺旋状。球状细菌称为球菌，按其排列方式又可分为单球菌、双球菌、四联球菌、八叠球菌、葡萄球菌和链球菌。杆状细菌称为杆菌，其细胞形态较复杂，有短杆状、棒杆状、梭状、月亮状、分枝状。螺旋状的细菌称为螺旋菌，可分为弧菌和螺菌。

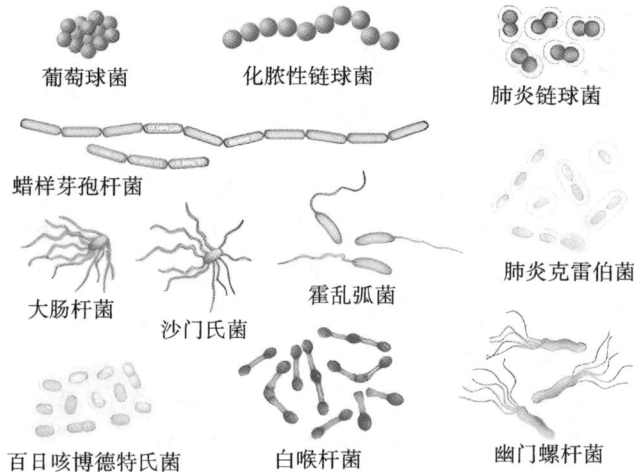

葡萄球菌　　　化脓性链球菌

肺炎链球菌

蜡样芽孢杆菌

肺炎克雷伯菌

大肠杆菌　　沙门氏菌　　霍乱弧菌

百日咳博德特氏菌　　白喉杆菌　　幽门螺杆菌

**图 6-1　细菌**

#### （二）类型

❖　假单胞菌属：革兰氏阴性、端生鞭毛、可运动、不生芽孢、杆状，新鲜食品中的优势菌，常存在于土壤和水中，广泛分布在食品中。另外，许多菌株嗜冷，是导致新鲜冷冻食品腐败的重要细菌。有时腐败能产生水溶性蓝绿色素。

❖　产碱杆菌属：革兰氏阴性棒状杆菌，但菌体着色时有时也显现革兰氏阳性反应，周生鞭毛，无芽孢，严格好氧，化能有机营养型，大多营养简单。不能发酵糖类，但能产碱。不产色素，分布在各种腐烂物质中，并大量存在于原乳、食用家禽制品以及排泄物中。

❖　沙雷氏菌属：革兰氏阴性、杆状、好氧，能分解蛋白质，有时能产生红色素，不产色素的菌株则比较少见。液化沙雷氏菌是与食物中毒相关的最常见的菌株，能够引起冷冻蔬菜以及肉类制品的腐败。

❖　弧菌属：革兰氏阴性，直形或弯曲形杆菌，端生鞭毛，兼性厌氧，通常需要一定浓度的盐，可污染咸鱼、咸肉，有几种菌株能够引起人体肠胃疾病或其他疾病。

❖　志贺氏菌属:杆状、不运动、无芽孢、无荚膜、革兰氏阴性,不能利用柠檬酸盐,能产酸,但不产气。该属所有菌株都可存在于人体肠道中。

❖　气单胞菌属:典型的水生革兰氏阴性棒状杆菌,端生鞭毛,兼性厌氧。能发酵糖类产生大量气体。通常出现在鱼体中。

❖　弯曲杆菌属:革兰氏阴性,弯曲成螺旋杆状,曾归入弧菌属,厌氧或微好氧。

❖　梭状芽孢杆菌属:杆状,革兰氏阳性,形成的卵圆形芽孢使母细胞膨胀成梭状,厌氧。能分解糖产生多种有机酸并产气,有的能产生毒素。该属包括许多菌株,有些会引起人体疾病。中温型、嗜冷型、嗜热型菌株都存在。

❖　类芽孢杆菌属:这个属主要包括以前属于芽孢杆菌属以及梭状芽孢杆菌属的菌株。

❖　莫拉氏菌属:革兰氏阴性短杆菌。它们的新陈代谢是氧化性的,同时葡萄糖发酵过程中不产酸。

❖　索丝菌属:革兰氏阳性、杆状,不产芽孢。对数期的细胞为棒杆状,而衰老后则为球状。通常存在于肉类以及冷藏温度下保存的肉类制品中。

❖　柠檬酸杆菌属:革兰氏阴性、杆状、周生鞭毛,无芽孢,兼性厌氧,能产酸、产气。所有菌株都能利用柠檬酸盐作为唯一碳源生长,能存在于肠道中进行缓慢的乳糖发酵,有的菌株能引起食品腐败和人的肠胃炎。

❖　肉杆菌属:革兰氏阳性、杆状,过氧化氢酶阴性。异型发酵,绝大多数能在 $0\sim45$ ℃ 的温度下生长。有些菌株能发酵葡萄糖产生气体。它们与乳酸杆菌的区别在于不能在醋酸盐培养基上生长,在代谢过程中能够合成油酸。通常存在于真空包装的肉制品或相关制品中。

❖　棒杆菌属:棒杆状,革兰氏阳性,与部分蔬菜以及肉类制品的腐败有关。重要的嗜冷菌,但大多数菌株都是中温型。其中白喉棒杆菌能够引起人体白喉病。

❖　黄杆菌属:革兰氏阴性、杆状,在琼脂平板上或植物中能生成黄、红色素,端生鞭毛,可运动,好氧或兼性厌氧。有些菌株为中温型,有些是嗜冷型,与冷藏肉制品以及冷冻蔬菜的腐败有关。

❖　交替单胞菌属:革兰氏阴性、杆状,能运动,严格好氧。大量存在于海洋或沿海水域,以及海洋食品中。生长需要海水中较高浓度的盐。

❖　哈夫尼菌属:革兰氏阴性、杆状,常存在于肠道中,可引起冷冻肉制品及蔬菜制品的腐败。其 DNA 中(G＋C)的摩尔分数为 $48\%\sim49\%$。

❖　考克氏菌属:从微球菌属拆分出来的新属。DNA 中(G＋C)的摩尔分数为 $66\%\sim75\%$。

❖　明串珠菌属:革兰氏阳性、不形成芽孢、球状、排列成对或成链状,兼性厌氧。经常与乳酸球菌同时出现,是乳酸细菌的另一个属。过氧化氢酶阴性,异型乳酸发酵。

❖　变形菌属:革兰氏阴性、杆状,常表现出多种形态,无芽孢,周生鞭毛,运动性强,兼性厌氧,能产酸,通常存在于人体或动物的肠道内。有较强的蛋白质分解能力,是食品的腐败菌,可引起食品中毒。

❖　肠球菌属:菌体呈卵圆形,单个、成对或短链状。该属至少有三个种不与 D 型抗血清发生反应。

❖　肠杆菌属:革兰氏阴性、杆状,周生鞭毛,无芽孢。可引起食品腐败,它们是典型的人体生长所需要的肠道菌。

❖ 沙门氏菌属:革兰氏阴性,周生鞭毛、无芽孢,能以柠檬酸盐为唯一碳源,多数能产气,该属的所有菌株都能存在于人体的肠胃中。

❖ 希瓦氏菌属:革兰氏阴性,直杆状或弯曲杆状,不产色素,端生鞭毛。氧化酶阳性,DNA 中(G+C)的摩尔分数为 44%～47%。常存在于海洋食品中。

❖ 欧文氏菌属:革兰氏阴性,杆状,无芽孢,周生鞭毛,常存在于肠道中,它能引起植物性食品的组织软化和腐败,但不产酒精。

❖ 埃希氏菌属:革兰氏阴性,杆状,通常单个出现,周生鞭毛,可运动或不运动,好氧或兼性厌氧。能够引起由食物传染的肠胃炎。

❖ 微球菌属:革兰氏阳性,严格好氧,无芽孢,过氧化氢酶阳性,球状。有些菌株能产粉红色、橘红色或红色色素,其他菌株则不产色素。大多数菌株都能耐高浓度的盐,绝大多数菌株为半自养型微生物,嗜冷。在奶制品、动物食品上存在较多,能引起食品腐败。

❖ 泛菌属:革兰氏阴性、无荚膜、无孢子,直杆状,大部分的菌株能够依靠周身的鞭毛运动。广泛分布在植物、种子、土壤、水及人体标本中。有些为植物病原体。

❖ 乳球菌属:革兰氏阳性,非运动型,过氧化氢酶阴性,球形或卵形,单个、成对或链状,能在 10 ℃下生长,但不能在 45 ℃下生长。所有的菌株都发生 N 型抗血清反应,并在发酵过程中主要产生 L-乳酸。

❖ 片球菌属:球状,成对或四个相叠,不形成芽孢,兼性厌氧或微好氧。同型乳酸发酵,产生右旋乳酸。DNA 中(G+C)的摩尔分数为 34%～44%。常引起啤酒的腐败。

❖ 嗜冷杆菌属:球状,常成对,不运动、过氧化氢酶以及氧化酶阳性,好氧,不能发酵葡萄糖。但能在 6.5% NaCl 溶液和 1 ℃下生长,不能在 35～37 ℃下生长。对青霉素敏感。

❖ 葡萄球菌属:球形,排列呈葡萄状,革兰氏阳性,过氧化氢酶阳性,金黄色葡萄球菌是其中一个重要种,能够引起几种疾病,包括食物中毒等。

❖ 漫游球菌属:周生鞭毛,革兰氏阳性,过氧化氢酶阴性,能在 10 ℃下生长,但不能在 45 ℃下生长;能在 4.5% NaCl 溶液中生长,但不能在 6% NaCl 溶液中生长;不能在 pH 值小于 9.6 的环境下生长。通常存在于鱼类、粪便、水或食物中。

## 二、食品中常见的霉菌属

### (一)概述

霉菌是丝状真菌的俗称,意即"发霉的真菌",它们往往能形成分枝繁茂的菌丝体,但又不像蘑菇那样产生大型的子实体。在潮湿温暖的地方,很多物品上会长出一些肉眼可见的绒毛状、絮状或蛛网状的菌落,这就是霉菌。部分霉菌如图 6-2～图 6-5 所示。

### (二)类型

❖ 曲霉属:形成分生孢子,常呈链状,表现出由黄到绿甚至到黑等不同颜色。通常存在于自制的火腿或熏肉中。其中有些菌株能引起油类的腐败。米曲霉和酱油曲霉能形成酱油发酵过程中的生产菌。其中有些菌株可产黄曲霉毒素、赭曲霉素或柄曲霉素。

❖ 毛霉属:菌丝体没有隔膜,所有菌株都没有假根或匍匐枝,菌落呈棉花状。主要存在于发酵食品、熏肉和许多蔬菜中。

❖ 青霉属:在食品上的特征颜色是蓝色或蓝绿色。有些菌株能产生真菌毒素。

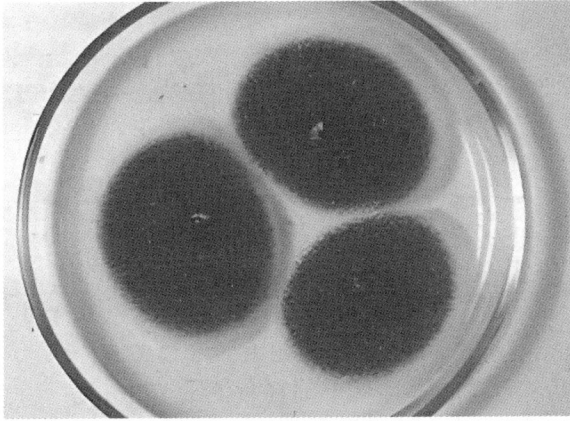

图 6-2　黑霉菌菌落

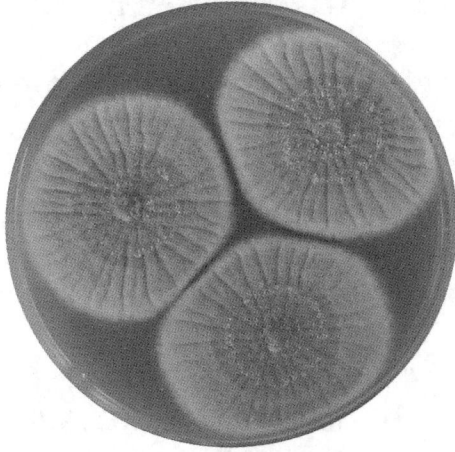

图 6-3　黄曲霉菌菌落

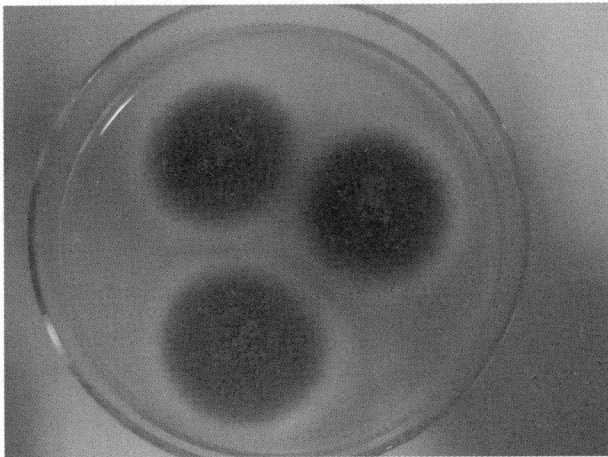

图 6-4　青霉菌菌落

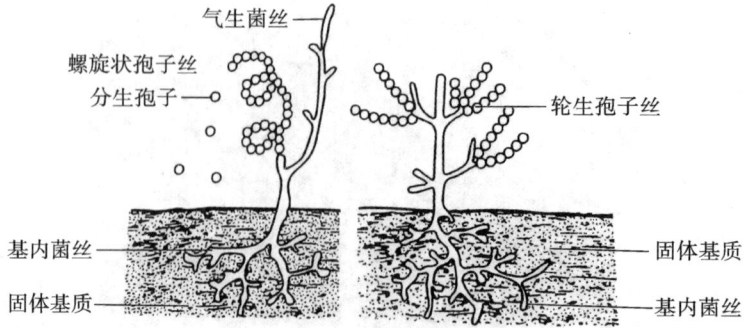

气生菌丝
螺旋状孢子丝
分生孢子
轮生孢子丝
基内菌丝
固体基质
固体基质
基内菌丝

图 6-5    链霉菌的形态、构造模式图

❖    根霉属:没有隔膜的菌丝体直立于匍匐枝或假根上。包囊梗由菌群中假根的生长点的匍匐枝末端产生。能引起苹果、梨等的轻微腐败,并使这些水果变成液状。

❖    枝霉属:在枝状结构的高处产小型孢子囊。

❖    木霉属:菌丝体有隔膜,具有瘦长简单的分生孢子。玫瑰木霉是该属中唯一与食品有关的菌株。

❖    交链孢属:菌丝体有隔膜,产棕色分生孢子。分生孢子具有十字形或纵向隔膜,形状多样。能够导致苹果、无花果等水果褐变,甚至腐烂。同时,这些菌株也能引起茎秆腐烂与柑橘类植物的腐烂。有些菌株能够产真菌毒素。

❖    短柄霉属:菌株生长前期出现类酵母菌菌落,然后向四方扩展产生黑色斑点。它们与长期储存的牛肉形成的黑色斑点有关,通常存在于小虾、水果以及蔬菜中。

❖    丛梗孢属:产生粉红色、灰色、棕褐色分生孢子,它们能引起桃子等核果产生褐变甚至腐烂。

❖    葡萄孢属:瘦长形,产生多种颜色的分生孢子。菌丝体有隔膜,细胞顶端产灰色或黑色分生孢子,有时产不规则菌核。它们与苹果、梨、草莓、葡萄以及一些核果的霉变有关。

❖    丝衣霉属:能耐较低的 pH 值。该属的许多菌株与食品的腐败有关。

❖    镰刀孢属:大量产淡粉红色、红色、紫色或褐色棉花状菌丝体,具有两端渐细的纺锭状隔膜及镰刀状分生孢子。它能引起柑橘类水果以及菠萝等的腐败,对无花果有轻微的腐败作用。

❖    地霉属:酵母状真菌,菌丝具有隔膜,繁殖方式为裂殖,可产生菌丝并形成节孢子。广泛存在于肉类及许多蔬菜中,可引起果蔬的腐烂。白地霉常存在于乳品中。

## 三、食品中常见的酵母菌属

### (一)概述

提起酵母菌这个名称,也许有人不太熟悉,但实际上人们时常在享受着酵母菌的好处。因为我们每天吃的面包和馒头就是在酵母菌的参与下制成的;我们喝的啤酒,也离不开酵母菌的贡献。酵母菌是人类实践中应用比较早的一类微生物,酵母菌的细胞里含有丰富的蛋白质和维生素,可以做成高级营养品添加到食品中,或用作饲养动物的高级饲料。酵母细胞又可提取核酸、麦角醇、谷胱甘肽、细胞色素 C、凝血质、辅酶 A、三磷酸腺苷等。酵母菌在自然界中分布很广,尤其喜欢在偏酸性且含糖较多的环境中生长,例如,水果、蔬菜、花蜜的表面和果园土壤中最为常见。部分酵母菌如图 6-6~图 6-9 所示。

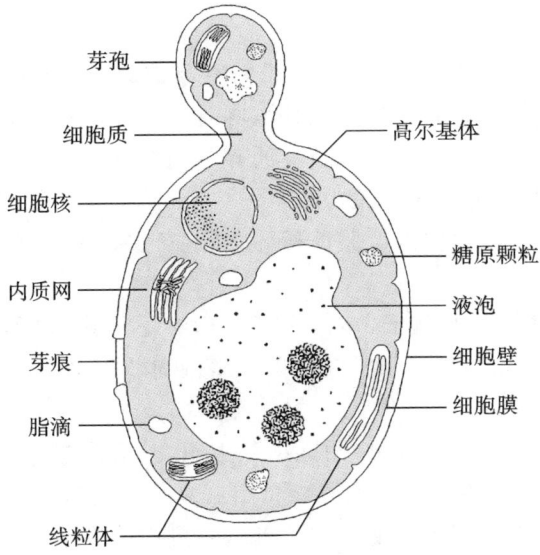

图 6-6　酵母菌细胞结构

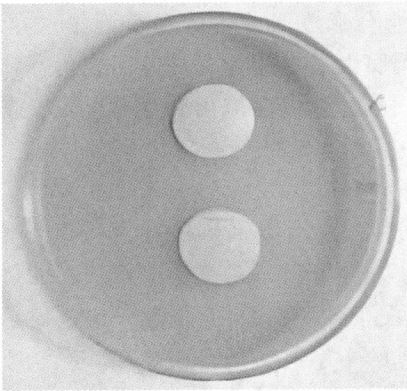

图 6-7　啤酒酵母菌菌落

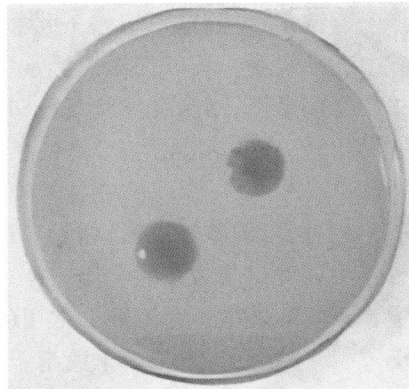

图 6-8　红酵母菌菌落

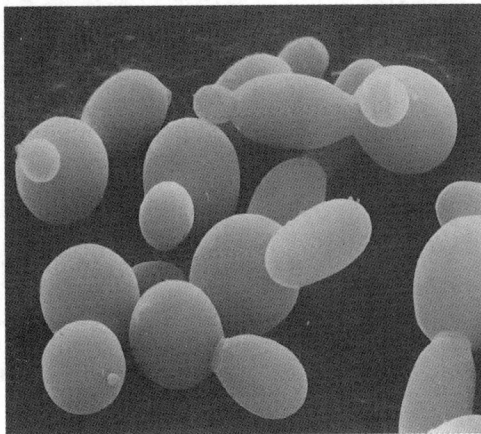

图 6-9　电镜下的酵母菌

(二)类型

❖  酒香酵母属:不产孢子,能在顶端发芽生殖,在有氧的条件下能利用葡萄糖发酵产乙酸。它能引起啤酒、软饮料、腌渍品等的腐败,同时与一些啤酒的后发酵有关。

❖  假丝酵母属:大多数菌株存在于新鲜的碎牛肉或家禽中,最常见的菌株是热带假丝酵母。该属中一些菌株与发酵食品有关。

❖  伊氏酵母属:该属的菌株能产假菌丝体,并进行多侧枝出芽生殖。它们在进行液体发酵时能够产生菌膜。

❖  隐球酵母属:它们不产孢子,多侧出芽生殖。不能发酵糖,菌体为透明、红色或橙色,产节孢子。普遍存在于植物、土壤、草莓以及其他水果、海洋鱼类、河虾及新鲜的水牛肉中。

❖  有孢汉逊酵母属:葡萄酒酵母,两端出芽生殖,一般为柠檬形细胞。其子囊包含2~4个孢子。发酵能力强,但不耐高浓度乙醇。可引起水果的腐败。

❖  克鲁维酵母属:这些产子囊孢子的酵母以多侧出芽生殖的方式繁殖,孢子的形态为椭圆形。

❖  毕赤氏酵母属:酵母中的大家族。以多侧出芽生殖方式繁殖,子囊通常包含4个椭圆球形子囊孢子,子囊孢子呈帽子状或火星状等。可能会形成假菌丝体和节孢子。在液体培养基中会形成膜。可以在橄榄盐水中生长,引起泡菜腐败。常作为真核基因表达受体。

❖  红酵母属:细胞为球状或卵圆形,少数能形成假菌丝,以多侧出芽生殖的方式繁殖,不具有发酵性。能产生红色或黄色色素,常引起基质着色,有的产生高浓度的脂肪(50%~60%)。

❖  酵母属:细胞呈球形、椭圆形或腊肠形,可形成假菌丝,以多侧出芽进行无性繁殖,有性繁殖为同性结合或异性结合,或由双倍体细胞形成子囊孢子,每个子囊形成1~4个子囊孢子。不发酵乳糖。为工业上常用的酵母菌。常存在于各种食品中,但很少引起腐败。

❖  裂殖酵母属:这类产子囊孢子的酵母通过形成的十字墙侧枝分裂繁殖,可以产真菌丝和节孢子。4~8个的子囊为豆形,不出芽。常存在于水果和糖蜜制品中。

❖  有孢圆酵母属:发酵能力强,含有辅酶Q-6,常存在于糖蜜制品中。

❖  结合酵母属:繁殖方式为多侧出芽,形成的豆形囊孢子常常从子囊孢子中释放出来。大多数是单倍体,能强烈发酵糖。

❖  丝孢酵母属:这类不产子囊孢子的氧化酵母以出芽方式和形成节分生孢子的方式繁殖。它们形成真菌丝、发酵糖的能力很弱,甚至没有。

## 四、放线菌

放线菌的形态比细菌复杂些,但仍属于单细胞。在显微镜下,放线菌呈分枝丝状的细丝叫作菌丝,菌丝直径和细胞的结构与细菌相似。放线菌根据菌丝形态和功能的不同,可分为基内菌丝、气生菌丝和孢子丝三种。链霉菌属是放线菌中种类最多、分布最广、形态特征最典型的类群,放线菌主要通过形成无性孢子方式进行无性繁殖。与细菌不同,放线菌形成的是质地致密的小菌落,干燥、不透明、难以挑取,当大量孢子覆盖于菌落表面时,就形成表面为粉末状或颗粒状的典型放线菌菌落,由于基内菌丝和孢子常有颜色,使得菌落的正反面呈现出不同的色泽。放线菌如图6-10所示。

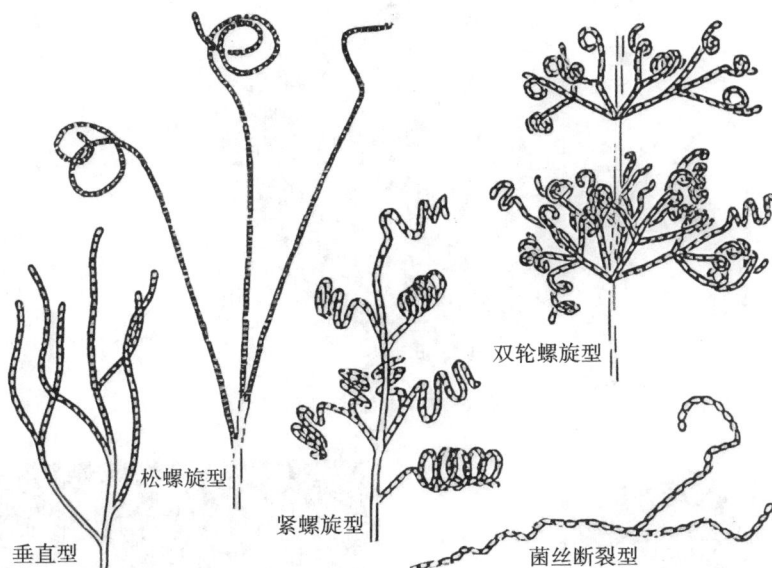

图 6-10 放线菌

## 五、病毒

病毒没有细胞构造,主要成分是核酸和蛋白质,在宿主细胞协助下,通过核酸的复制和核酸蛋白装配的形式进行增殖。通常形成螺旋对称、二十面体对称和复合对称。有杆状、球状和这两种形态结合的复合型。正常情况下病毒无法用光学显微镜观察,当其大量聚集并使宿主细胞发生病变时,可以用光学显微镜观察。部分病毒如图 6-11~图 6-14 所示。

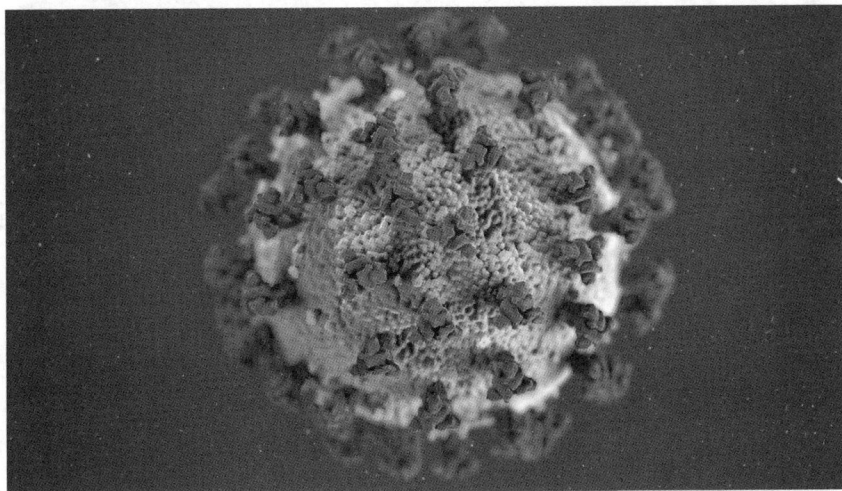

图 6-11 新型冠状病毒

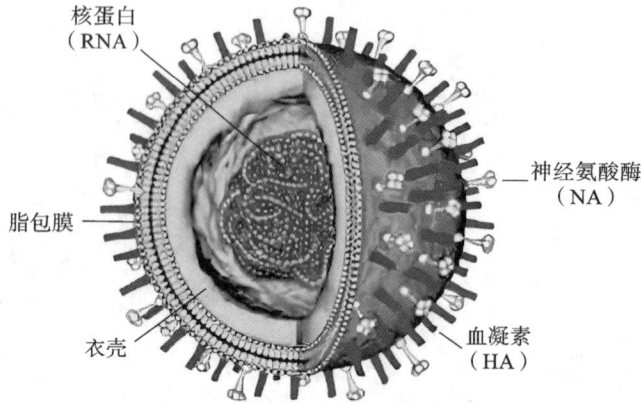

图 6-12   禽流感病毒

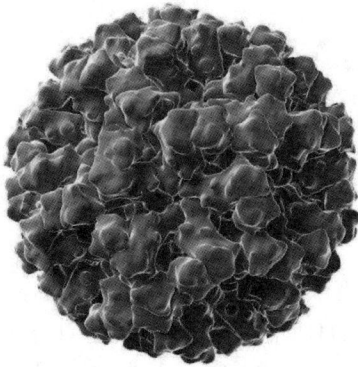

图 6-13   诺如病毒

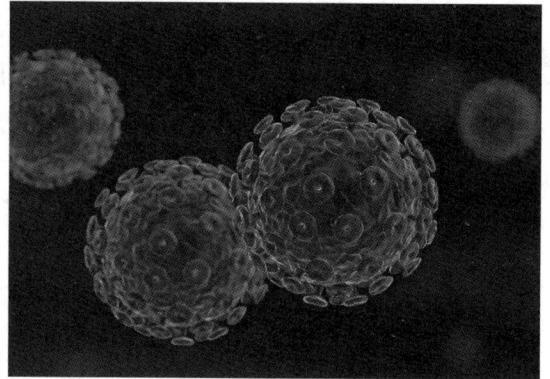

图 6-14   艾滋病病毒

## 第三节   食品中常见病原微生物

### 一、细菌

#### (一)沙门氏菌类群

引起食物中毒最多的主要种有鼠伤寒沙门氏菌($S.typhimurium$)、猪霍乱沙门氏菌($S.choleraesuis$)和肠炎沙门氏菌($S.enteritidis$)。这些细菌为无芽孢、无荚膜的革兰氏阳性细菌,主要污染鱼肉、禽蛋和乳品等食物,在食品中繁殖并释放毒素。一般需要食进大量菌体,致病力较弱者需达到 $10^8$ 个/mL(g),才引发中毒。

#### (二)金黄色葡萄球菌

金黄色葡萄球菌可产生外毒素和肠毒素,因而食用受其污染的食品后易中毒。此菌在适宜温度时可产生一种具有 6 种不同抗原性(A、B、C、D、E 和 F 型)的可溶性蛋白肠毒素。此种肠毒素抗热性特别强,只有在 218~248 ℃下加热 30 min 才能将其破坏,消除毒性。乳及乳制品、腌肉、鸡蛋和含有淀粉的食品易受此菌污染。引起食物中毒需要一定的细菌数量和毒素。

### (三)大肠杆菌

大肠杆菌(*Escherichia coli*)是肠道的重要正常菌群,条件性致病菌是指大肠杆菌中那些具有特异抗原性的血清型菌株。大肠杆菌具有菌体抗原(O 抗原)、鞭毛抗原(H 抗原)和荚膜抗原(K 抗原)三种抗原,具有 K 抗原者比无 K 抗原者具有更强的毒力。K 抗原又可分为 A、B、L 三类。可引起食物中毒的条件性致病菌有 O111∶B4、O55∶B5、O26∶B6、O157 等血清型菌株。其引起食物中毒的机制尚不清楚。

### (四)副溶血弧菌

副溶血弧菌(*Vibrio parahaemolyticus*)是一种嗜盐的不产芽孢的革兰氏阴性多形态球杆菌,以污染海产品和肉类食品较为多见,其他食品也可因与海产品接触而受到污染。此菌致病力不强,但繁殖速度很快,一旦污染,在短时间内即可达到引起中毒的菌量。其引起食物中毒的原因尚存不同争议,或认为此菌产生耐热性溶血毒素或认为产生类似霍乱毒素的肠毒素,或认为是毒素型和感染型的混合型中毒。

### (五)肉毒梭菌

肉毒梭菌(*Clostridium botulinum*)是可形成芽孢、无荚膜、有鞭毛的革兰氏阳性杆菌,可产生对人和动物具有强大毒性的肉毒毒素。可分为 A、B、C($\alpha$,$\beta$)、D、E、F 和 G 共 7 个血清型,对人具有不同程度的致病力。肉毒毒素受高温、碱性条件、日光直射时均可被破坏而不稳定,但在酸性条件下较稳定。引起的中毒是毒素型中毒,毒素作用于中枢神经系统的颅神经核,抑制乙酸胆碱的释放,引起肌肉麻痹。在厌氧的土壤、江河湖海的淤泥沉积物、尘土和动物粪便中广泛存在,易污染蔬菜、鱼类、肉类、豆类等蛋白质丰富的食品。

### (六)蜡状芽孢杆菌

蜡状芽孢杆菌(*Bacillus cereus*)为产芽孢的革兰氏阳性杆菌,其引起中毒是由于食物中带有大量活菌体和由其产生的肠毒素,活菌数量达到$(13\sim36)\times10^6$个/g(mL)时即可引发致病。常将含菌量达到 $1.8\times10^7$个/mL(g)作为食物中毒指标之一。肠毒素可分为耐热性和不耐热性两种。此菌在土壤、空气、腐草、灰尘等都有存在,且各肉类制品、奶类制品、蔬菜、水果等带菌率也高。食品在加工、运输、贮藏、销售过程中也易受此菌污染。

## 二、霉菌

### (一)黄曲霉毒素中毒(aflatoxicosis)

黄曲霉毒素是黄曲霉(*A. flavus*)和寄生曲霉(*A. parasiticus*)产生的一类结构类似的代谢混合产物,有 17 种之多。其基本结构都是二呋喃环和香豆素,前者为基本毒性结构,后者为致癌物。黄曲霉毒素非常稳定,耐热,在熔点($200\sim300$ ℃)下不会分解,且其毒性非常强,主要损伤肝脏,使肝细胞坏死、出血及胆管增生,有明显的致癌作用。产生黄曲霉毒素的霉菌主要污染粮食及其制品,如花生、花生油、大米、棉籽等,对奶、咸鱼等也有污染。

### (二)赤霉病麦中毒(trichothecene toxicosis)

赤霉病麦中毒是食用了受赤霉病害的麦类食物后发生的中毒现象。引起麦类赤霉病的病原菌主要是镰刀菌(*Fusarium*)中的禾谷镰刀菌(*F. graminearum*)、串珠镰刀菌(*F. moniliforme*)、尖孢镰刀菌(*F. axysporum*)、燕麦镰刀菌(*F. avenaceum*)等。它们可产生能引起呕吐的赤霉病麦毒素和具有雌性激素作用的玉米赤霉烯酮两类霉菌毒素。

### （三）黄变米中毒（yellow rice toxicosis）

受霉菌代谢产物污染后米粒变黄，称为黄变米。根据污染霉菌的不同，黄变米可分为三种。第一种为黄绿青霉黄变米，其受黄绿青霉（*P. citeoviride*）产生的黄绿青霉素（citreoviridin）的污染，这种毒素毒性强烈，侵害神经，可导致死亡。第二种为桔青霉黄变米，其受桔青霉（*P. citrinum*）产生的毒素桔青毒素（citrinin）的污染，此毒素主要损害肾脏，引起实质性病变。第三种是岛青霉黄变米，其受岛青霉（*P. islandicum*）产生的黄天精（luteoskyrin）和岛青霉毒素（islanditoxin）两种毒害肝脏的毒素的污染。

### （四）麦角中毒（ergotism）

此类中毒是由于食用了带有麦角的麦类或麦制品。其病原菌为麦角菌（*Claviceps purpurea*），此菌能形成麦角胺、麦角类碱和麦角新碱三类生物碱，其中麦角胺可引起食物中毒，急性中毒症状为恶心、呕吐、腹痛、腹泻、心力衰竭、昏迷等，慢性中毒有不同症状。

## 三、人畜共患病病原菌

误食了人畜共患病病原菌，如吃了患炭疽病死亡的动物肉类后，炭疽病原菌进入体内，便可引起炭疽病，出现腹痛、呕吐、血便等症状。如病原菌进入血液，则易形成全身败血症。牛、猪的布鲁氏杆菌也会引起人患病。如人误食了含有布鲁氏杆菌的内脏器官、乳汁可得病，全身关节疼痛无力，呈现波浪热。结核杆菌也是一种人畜共患病病原菌，牛易患此结核病，在病牛乳中往往常有结核杆菌，消毒不彻底时，人极易感染。

## 第四节  食品微生物检验的要求

食品微生物检验是应用标准的仪器设备及实验器材，按照国家规定的标准检验方法，对检测样品进行测定分析，并按检验项目要求，为检验目的菌的食品卫生学、流行病学及临床医学研究提供可靠的实验依据，因此，快速、准确、有效是对其最基本的要求，必须做好各方面的工作。

### 一、对微生物实验室的基本要求

①光线充足。
②检验室和准备室要分开，设备用具要合理安排，防止交叉污染。
③配备超净工作台，操作时，必须穿实验服，戴工作帽、口罩，严格遵守无菌操作要求。检验室一般用紫外线照射消毒。
④所有用过的器具，要用消毒水消毒或煮沸甚至高压灭菌后再清洗。

### 二、对微生物实验的技术要求（试剂与培养基的基本要求）

#### 1. 培养基原料的质控
培养基质量的好坏是微生物检验工作成败的重要因素，因此对制作培养基的原料的质量控制显得尤为重要。培养基原料的质控主要是指琼脂、蛋白胨、胆盐、牛肉膏及酵母浸膏等的质控。

（1）琼脂

琼脂分为琼脂粉和琼脂条两种,检验室常用琼脂粉。琼脂粉多数情况下是白色干燥粉末,溶于水后pH值接近中性,透明无沉淀,用量不宜过多,为总量的1.4%～1.6%。

（2）蛋白胨

蛋白胨略微呈现黄色,粉末状,pH值偏酸性,接近中性,加水溶解后无沉淀。培养不同微生物应选择不同的蛋白胨。

（3）胆盐

胆盐为浅黄色粉末,种类繁多。不同的胆盐有不同的抑菌效果,应根据微生物的培养需要进行选择。

（4）牛肉膏及酵母浸膏

牛肉膏及酵母浸膏均为棕褐色半固体,溶于水后透明无沉淀,是微生物生长的良好营养物质。可将其加入培养基,将该培养基上细菌的生长情况作为判断其质量的依据。

**2. 培养基性能的质控指标**

（1）物理性状

①透明度:无论是固体培养基还是液体培养基都应有较好的透明度,特别是液体培养基,不能出现浑浊、沉淀现象。

②pH值:根据微生物的生长要求,在培养基溶液配制好以后进行酸碱度调节。

③硬度:适中。过硬不利于菌的生长,过软则不利于接种。

（2）生物学要求

①敏感性。一些常用的选择性培养基,除对非目的菌有抑制作用外,对目的菌或多或少也有一定的影响。因此,必须了解目的菌对该种培养基的敏感程度和适应性。

②菌落特征。同一菌种在不同培养基上,其菌落大小、形态、特征及颜色的表现是不同的。检验培养基的性能如何,应选择有代表性的典型菌进行分离培养,观察其菌落的生长情况是否典型。

## 三、培养基

培养基是以人工方法配制成的适合细菌(或其他微生物)生长繁殖或积累代谢产物的营养基质。它可为微生物生长提供水分、碳源、氮源、无机盐和其他生长因子。

**1. 类型**

培养基按其作用可以分为基础培养基、营养培养基、选择培养基、鉴别培养基、厌氧培养基。

①基础培养基:含细菌需要的最基本营养成分,例如肉汤培养基。

②营养培养基:在基础营养基中再加入葡萄糖、血液、血清等,供营养需求高的菌生长。

③选择培养基:根据某一种或某一类微生物生长的特殊营养要求或对一些物理、化学条件有特殊抗性而设计的培养基,可作分离微生物用。例如,在培养基中加入胆盐,可抑制革兰氏阳性菌的生长而有利于革兰氏阴性菌(如肠道菌)的生长。

④鉴别培养基:在培养基中加入某种试剂,培养后发生某种反应,从而鉴别不同的菌,如伊红-美蓝培养基、糖发酵管等。

⑤厌氧培养基:适用于专性厌氧菌。例如,在液体培养基表面加盖凡士林或蜡使其隔绝

氧气,形成厌氧环境。

**2. 典型微生物培养的常用培养基**

细菌的常用培养基为牛肉膏蛋白胨培养基(牛肉膏、磷酸盐蛋白胨、NaCl)、营养肉汤培养基(不含琼脂),放线菌的常用培养基为高氏一号培养基(可溶淀粉、无机盐),酵母菌的常用培养基为麦芽汁培养基、马铃薯蔗糖培养基,霉菌的常用培养基为查氏一号培养基(蔗糖、无机盐)豆芽汁培养基、马铃薯蔗糖培养基。

# 项目七　苏打饼干的
## 　　　　等级评价

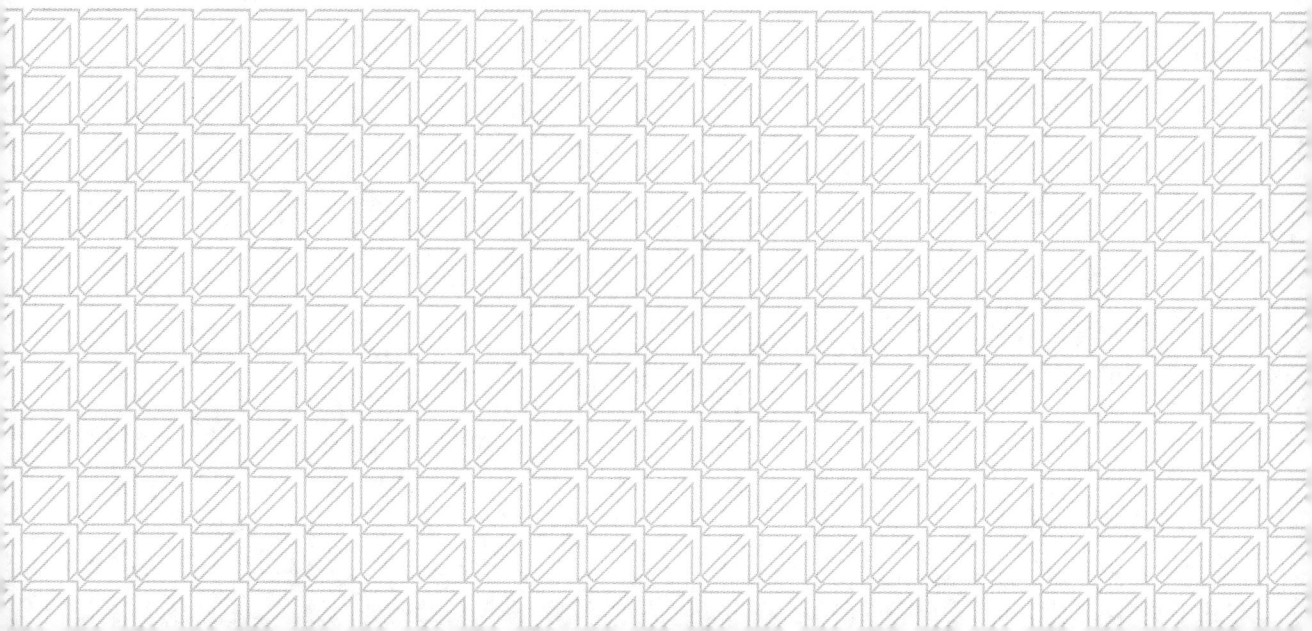

# 模块一　工作任务书

## 一、项目基本情况

| 工作任务名称 | 项目七　苏打饼干的等级评价 | | |
|---|---|---|---|
| 工作时间 | 8 课时 | 工作小组及成员名单 | |
| 指导教师 | 石昕 | 工作地点 | 青职检测公司感官实验室 |
| 工作任务描述 | 青职检测公司接受客户委托,对市内各大超市在售四个品牌的苏打饼干进行等级划分。 | | |
| | 任务要求:<br>1.通过国标检索,制定苏打饼干等级评价标准;<br>2.了解样品处理过程,协助老师完成样品处理;<br>3.实施感官评价;<br>4.熟悉感官检验结果处理的方法,以小组为单位完成结果处理;<br>5.完成检测报告,任务书。 | | |
| 能力目标 | 1.能够熟练地查阅文献,确定检测方案;<br>2.小组协作顺利完成检测;<br>3.能够出具完整的检测报告。 | | |

## 二、资讯内容

| 序号 | 自主查阅资料或学习内容 | 资料来源 |
|---|---|---|
| | | |
| | | |
| | | |
| | | |
| | | |
| | | |
| | | |
| | | |

### 三、工作心得

1.本项目完成过程中你最感兴趣的是什么？

2.完成本项目你最大的收获是什么？

3.下一个项目中,你打算在哪些方面作重点改进？

4.完成本项目过程中,你遇到了哪些障碍？ 你又采取了哪些措施解决障碍？

# 模块二　检测报告模板

报告编号：

# 检测报告

样　品　名　称：_____

委　托　单　位：_____

检　验　小　组：_____

检　验　组　长：_____

检　验　组　员：_____

_____

青岛职业技术学院

20____年____月____日

# 注意事项

四十一、报告无"检测报告专用章"或者检验单位公章无效。

四十二、复制报告未重新加盖"检测报告专用章"或者检验单位公章无效。

四十三、报告无主检、审核、批准人签字作无效处理。

四十四、报告涂改无效。

四十五、对检测报告若有异议,应于收到报告之日起十五日内向检测单位提出,逾期不予受理。

四十六、一般情况下,委托检验只对来样负责。

四十七、未经检测小组组长许可,不得随意更改。

四十八、解释权归检测中心所有。

地址:

电话:

邮政编码:

# 检验报告

| 产品名称 | | 型号规格 | |
|---|---|---|---|
| | | 商标 | |
| 制造商 | | 样品外观 | |
| 采样日期 | | 检验日期 | |
| 检验依据 | | | |
| 检验项目 | | | |
| 检验结论 | 签发日期：　　年　　月　　日 | | |
| 备注 | | | |
| 检测员 | 日期： | | |
| 审核： | | 复审： | |

# 检验项目及检测结果（可根据需要加页）

| 项目编号 | 检测项目 | 标准编号 | 具体内容及过程 | 检测结果 |
|---|---|---|---|---|
| 1 | | | | |
| 2 | | | | |

# 模块三　知识乐园

## 第一部分　感官检验法

食品的感官检验是通过人的感觉——味觉、嗅觉、视觉、触觉,以语言、文字、符号作为分析数据,对食品的色泽、风味、气味、组织状态、硬度等外部特征进行评价的方法,其目的是评价食品的可接受性和鉴别食品的质量。感官检验是与食品分析并行的重要检测手段。感官检验还用于鉴别食品的质量,各种食品的质量标准中都有感官指标,如外形、色泽、滋味、气味、均匀性、浑浊程度、有无沉淀及杂质等。这些感官指标往往能反映食品的品质和质量的好坏。当食品的质量发生变化时,某些感官指标也会发生变化。因此,通过感官检验可判断食品的质量及其变化情况。

### 一、感官检验的类型

**1. 分析型感官检验**

分析型感官检验是把人的感觉器官作为一种检验测量的工具,通过感觉器官的感觉来评价产品的质量特性或鉴别多个样品间的差异。

注:为了获得高精度的测定结果,必须注意评价基准的标准化、实验条件的规范化和评价员的选定。

**2. 偏爱型感官检验**

偏爱型感官检验是以样品为工具,来了解人的感官反应及倾向,是人的一种主观判断。

按检验时所利用的感官器官,感官检验可分为视觉检验、嗅觉检验、味觉检验和触觉检验。

进行感官检验时,通常先进行视觉检验,再进行嗅觉检验,然后进行味觉检验及触觉检验。感官检验实验室应远离其他实验室,要求安静,不受外界干扰,无异味,整体设计为淡色调。

通过被检验物作用于视觉器官所引起的反应对食品进行评价的方法称为视觉检验。在感官检验中,视觉检验占有重要位置,几乎所有产品的检验都离不开视觉检验。视觉检验即用肉眼观察食品的形态特征。如通过色泽可判断水果、蔬菜的成熟状况和新鲜程度;通过透光感可以判断饮料的清澈与浑浊;把瓶装液体倒过来,可检验有无沉淀物和夹杂物,据此判断食品是否受到了污染或变质。

视觉检验不宜在灯光下进行,因为灯光会给食品造成假象,给视觉检验带来错觉。检验时应从外往里检验,先检验整体外形,如罐装食品有无鼓罐或凹罐现象,软包装食品是否有胀袋现象等;再检验内容物,然后给予评价。

通过被检物作用嗅觉器官所引起的反应来评价食品的方法称为嗅觉检验。嗅觉是辨别各种气味的感觉。人的嗅觉非常灵敏,一般方法和仪器不能检测出来的轻微变化,用嗅觉检验可以发现。如鱼的最初分解和油脂开始酸败,其理化指标变化不大,但敏感的嗅觉可以觉察有氨味和哈喇味。在进行嗅觉检验时,可取少许样品在干燥洁净的手掌上摩擦,再嗅检。嗅觉器官长时间受气味浓的物质刺激会疲劳,灵敏度降低,因此检验时应该按照从淡气味到浓气味的顺序进行,工作一段时间后应休息一会儿。

通过被检物作用于味觉器官所引起的反应来评价食品的方法称为味觉检验。味觉是由舌面和口腔内味觉细胞(味蕾)产生的,基本味有酸、甜、苦、咸四种,其余味觉都是由基本味觉组成的混合味觉。味觉还与嗅觉、触觉等其他感觉有联系。味蕾的灵敏度与食品的温度有密切关系,味觉检验的最佳温度为 $20 \sim 40 \ ℃$,温度过高会使味蕾麻木,温度过低会降低味蕾的灵敏度。味觉检验前不要吸烟或吃刺激性较强的食物,以免降低感觉器官的灵敏度。检验时取少量被检食品放入口中,细心品尝,然后吐出(不要咽下),用温水漱口,若连续检验几种样品,应先检验味淡的,后检验味浓的,且每品尝一种样品后,都要用温水漱口,以减少相互影响。对已有腐败迹象的食品,不要进行味觉检验。

通过被检物作用于触觉感受器官所引起的反应来评价食品的方法称为触觉检验。触觉检验主要借助手、皮肤等器官的触觉神经来检验某些食品的弹性、韧性、紧密程度、稠度等,以鉴别其质量。如根据肉类的弹性,可判断其品质和新鲜程度;可根据用掌心与指头揉搓蜂蜜时的润滑感鉴定其黏度。此外,还有脆性、黏性、弹性、硬度、冷热、油腻性和接触压力等触感。

## 二、感官检验常用的方法

根据检验的目的、要求及统计方法的不同,常用的感官检验方法可分为三类。

### 1. 差别检验法

差别检验法要求评价员对两个或两个以上的样品,作出是否存在感官差别的结论。差别检验的结果是以作出不同结论的评价员的数量及检验次数为基础,进行概率统计分析。常用方法有配对检验法(二点检验法)、对比检验法、三角检验法等。

以下以二点检验法为例进行简要说明。

二点检验法是以随机顺序同时出示两个样品给评价员,要求评价员对这两个样品进行比较,判断两个样品间是否存在差异及差异方向。每次检测中每个样品的猜测性概率值为 $1/2$,若检测次数增至 $n$ 次,此猜测性概率值减至 $(1/2)^n$。

(1)具体方法

把 A、B 两样品呈送给评价员,要求其作出评价。

(2)结果分析

①差异识别:判断两样品是否存在差异。

统计有效评价表的正解数,将此正解数与两点检验法差异检验表中相应的某显著水平的数做比较,若大于或等于表中的数,则说明在某个显著水平上 A、B 两样品有明显差异。

例:六位评价员对两个样品分别重复检验 4 次,检验记录如表 7-1 所示。

表 7-1　检验记录

| 评价员 | 有差别次数 | 无差别次数 |
| --- | --- | --- |
| 1 | 2 | 2 |
| 2 | 3 | 1 |
| 3 | 3 | 1 |

续表

| 评价员 | 有差别次数 | 无差别次数 |
|---|---|---|
| 4 | 3 | 1 |
| 5 | 4 | 0 |
| 6 | 2 | 2 |
| 总数 | 17 | 7 |

检验总数 $n=6×4$ 次=24 次。

有差别的次数 $x=17$ 次。

查表,当 $n=24$ 次时, $x=17=17(5\%)$ ,说明在 5%的显著水平,两者存在明显差异。

②嗜好检验。

同上。

**2. 类别检验法**

类别检验法要求评价员对两个以上的产品进行评价,判定哪个样品好,哪个样品差,以及它们之间的差异大小以及差异方向,通过试验可得出样品间差异的排序和大小,或者样品应归属的类别或等级。选择何种方法解释数据,取决于试验目的及样品数量。常用方法为分类检验法、排序检验法等。

以下以分类检验法为例进行简要说明。

分类检验法是把样品以随机顺序出示给评价员,要求评价员进行样品评价,按预先定义划出样品应属的类别。

例:对四种不同工艺的苏打饼干进行评价,共有 24 个评价员,要求将四种饼干划为三个等级。统计各样品进入各等级的次数 $Q_{ij}$ 如表 7-2。

表 7-2 各样品进入各等级的次数

| 样品编号 | 一级 | 二级 | 三级 | 合计 |
|---|---|---|---|---|
| 353 | 8 | 12 | 4 | 24 |
| 162 | 16 | 6 | 2 | 24 |
| 239 | 18 | 4 | 2 | 24 |
| 578 | 5 | 10 | 9 | 24 |
| 合计 | 47 | 32 | 17 | 96 |

各级别的期待值 $E_{ij}$ : $E_{ij}$ =该级别的实际测定值/样品数。

一级: $E_{ij}=47/4=11.75$ 。

二级: $E_{ij}=32/4=8$ 。

三级: $E_{ij}=17/4=4.25$ 。

计算各样品的实际测定值 $Q_{ij}$ 与期待值 $E_{ij}$ 之差列入表 7-3。

表 7-3 实际测定值与期待值之差

| 样品编号 | 一级 | 二级 | 三级 |
|---|---|---|---|
| 353 | $8-11.75=-3.75$ | $12-8=4$ | $4-4.25=-0.25$ |
| 162 | $16-11.75=4.25$ | $6-8=-2$ | $2-4.25=-2.25$ |
| 239 | $18-11.75=6.25$ | $4-8=-4$ | $2-4.25=-2.25$ |
| 578 | $5-11.75=-6.75$ | $10-8=2$ | $9-4.25=4.75$ |
| 合计 | 0 | 0 | 0 |

表 7-3 中样品 162、237 的 $Q_{ij}$ 远大于 $E_{ij}$,所以它们属于一级品。同理,353 属于二级品,578 属于三级品。

那么我们判定的这三个等级是否有差别,可通过 $x^2$ 检验来确定。

**3. 描述性检验法**

该检验是由评价员对产品的所有品质特性进行定性、定量分析及描述评价。

①简单描述性检验(定性):评价员对构成样品的质量特征的各个指标,用合理清楚的文字,尽量完整地、准确地进行定性的描述,以评价样品品质。a. 由评价员任意使用词汇进行描述;b. 用规定词汇进行描述。

②定量描述检验法:评价员对构成样品质量特征的各个指标的强度,进行完整、准确的评价。

# 第二部分 有关饼干品质检验的国家标准

①《饼干质量通则》(GB/T 20980—2021)。

②《食品安全国家标准 饼干》(GB 7100—2015)。

感官检验

# 参考文献

[1]  中华人民共和国卫生部,中国国家标准化管理委员会.食品卫生检验方法理化部分总则:GB/T 5009.1—2003[S].北京:中国标准出版社,2004.

[2]  食品安全国家标准.食品微生物学检验总则:GB 4789.1—2016[S].北京:中国标准出版社,2017.

[3]  许牡丹,毛跟年.食品安全性与分析检测[M].北京:化学工业出版社,2003.

[4]  张意静.食品分析技术[M].北京:中国轻工出版社,2001.

[5]  杨祖英.食品检验[M].北京:化学工业出版社,2001.

[6]  大连轻工业学院,等.食品分析[M].北京:中国轻工出版社,2002.

[7]  宁正祥.食品成分分析手册[M].北京:中国轻工出版社,1998.

[8]  罗雪云,刘宏道.食品卫生微生物检验标准手册[M].北京:中国标准出版社,1995.

[9]  方惠群,于俊生,史坚.仪器分析[M].北京:科学出版社,2002.

[10]  穆华荣,陈志超.仪器分析实验[M].2 版.北京:化学工业出版社,2004.

[11]  苏世彦.食品微生物检验手册[M].北京:中国轻工出版社,1998.

[12]  杨洁彬,王晶,王柏琴,等.食品安全性[M].北京:中国轻工出版社,1999.

[13]  武汉大学化学系.仪器分析[M].北京:高等教育出版社,2001.

[14]  王肇庆.粮油食品品质分析[M].北京:中国轻工出版社,1994.

[15]  中国食品添加剂生产应用工业协会.食品添加剂手册[M].北京:中国轻工出版社,1996.

[16]  朱明华.仪器分析[M].3 版.北京:高等教育出版社,2000.

[17]  吴永宁.现代食品安全科学[M].北京:化学工业出版社,2003.

[18]  穆华荣,于淑萍.食品分析[M].3 版.北京:化学工业出版社,2023.